LV·Buch Wir lieben das Landleben.

21 Schritt-für-Schritt-Anleitungen

MÖBEL BAUEN AUS PALETTEN

Angesagte Designer zeigen ihre besten Ideen

AURÉLIE DROUET · FOTOS VON JÉRÔME BLIN

INHALT

Möbeldesigns

ZU DIESEM BUCH HABEN BEIGETRAGEN

WEITERE DESIGNER BIOGRAFIEN

EINLEITUNG

Die Transportpalette inspiriert Kreative, vom Bildhauer bis zum Maler, seit Langem. Seit einiger Zeit erfreut sie sich auch im Inneneinrichtungsbereich, insbesondere für den Möbelbau, großer Beliebtheit.

Die Wiederverwertung von Paletten für den Möbelbau kann auf die Öko-Design Bewegung zurückgeführt werden. Sie sieht in der Palette den idealen Rohstoff für alle, die gerne selbst etwas bauen und ihrer Einrichtung, ohne große Kosten, einen ganz persönlichen Stil geben wollen. Die zerlegbare und stapelbare Palette eröffnet unzählige Möglichkeiten für den Möbelbau nach Maß.

Auf der Grundlage dieses Konzepts haben Bastler, Kreative und Designer eine praktische und funktionsgerechte Möbelreihe zum Selbstbau entwickelt. Mit leicht nachzuarbeitenden Bauanleitungen sollen die attraktiven Designs einem großen Kreis zugänglich gemacht werden. Hier finden Sie leicht nachzubauende Möbel, für die Sie kein umfangreiches Fachwissen oder Spezialwerkzeug benötigen. Mit den praktischen Tipps, den Plänen und den Schritt-für-Schritt-Anleitungen ist Möbelbau ganz einfach.

Die Idee knüpft an die Arbeit des italienischen Designers Enzo Mair an, der 1974 das Projekt *Proposta per un'autoprogettazione* ins Leben gerufen hat (*Autoprogettazione*, Verlag Éditions Corraini). „Ich dachte, wenn jemand bereit ist eigenhändig einen Tisch zu bauen, würde er auch die dahinterstehende Absicht verstehen."
Enzo Mari

Vom Sessel zum Kinderbett, über Wandleuchten und Liegestuhl, finden Sie in diesem Buch alltägliche Einrichtungsideen mit Paletten umgesetzt. Übernehmen Sie die Ideen Eins-zu-eins oder wandeln Sie sie beliebig ab.

EIN PAAR TIPPS

Für den Möbelbau

Für jedes Möbeldesign gibt es eine Liste des benötigten Baumaterials. Darüber hinaus brauchen Sie eine Werkzeuggrundausstattung, die nicht jedes Mal erwähnt wird. Hier die Grundausstattung, die Sie für den Möbelbau immer bereithalten sollten:

- Metermaß
- Zimmermannsbleistift
- Setzlatte und Metallwinkel
- Arbeitshandschuhe, Schutzbrille und Staubmaske
- Kreuz- und Schlitzschraubenzieher
- Hämmer in verschiedenen Größen
- verschiedene Zangen
- Pinsel: Rundpinsel, Rundpinsel mit Spitze, Flachpinsel, Mini-Roller …

Die Größe der Nägel, Schrauben und Muttern wird bei Bedarf angegeben. Beachten Sie bei der Wahl des Schraubenmaterials die Stärke der von Ihnen verwendeten Bretter.

Wir geben die Art und die Größe der verwendeten Paletten an, Sie können jedoch auch andere Paletten für die Möbel verwenden. Passen Sie die Baupläne an die von Ihnen verwendete Palette an.

Sicherheitshinweis: Alle elektrischen Arbeiten erfordern besondere Aufmerksamkeit, vor allem in Verbindung mit Holz. Überprüfen Sie zu Ihrer eigenen Sicherheit bereits beim Kauf die Produkte und fragen Sie einen Fachmann, falls Sie Zweifel haben.

Für das Möbeldesign

Jedes Möbeldesign kann als Grundlage für Ihre ganz eigenen Entwürfe dienen. Lassen Sie sich inspirieren und entwerfen Sie Ihre persönliche Variante.

Senden Sie uns Fotos Ihres eigenen, von diesem Buch inspirierten, Möbels an:
buch@lv.de

KLEINE PALETTENGESCHICHTE & NÜTZLICHE INFORMATIONEN ...

Wo findet man Paletten? Welche Palette ist die Richtige? Pfandpalette oder Einwegpalette? Behandelt oder nicht? Jean Dossin, Präsident des Französischen Verbandes der Palettenindustrie (Sypal) und Patrice Charino, Marketingcheft der Gruppe PGS geben Antwort auf all diese Fragen.

Wie und wo ist die Holzpalette entstanden?

Die Palette wurde in den USA der 1930er Jahre erdacht. Während des Zweiten Weltkriegs hat die amerikanische Regierung die Palette zunehmend zum Transport und zur Lagerung großer Materialmengen eingesetzt. Ende der 1940er Jahre verwenden zahlreiche amerikanische Wirtschaftszweige die Palette, um Leistungs- und Wettbewerbsfähigkeit zu erhöhen. Bis die Industrie in Europa die Vorteile der Palette erkannte, dauerte es etwas länger. Auch wenn einige Pioniere in den 1950er Jahren die Palette bereits verwendeten, so wurde das Potenzial der Palette doch erst ab 1970 voll ausgeschöpft. Die Palettenreparaturdienste reichen nicht so weit zurück und entwickelten sich erst in den 1975-1980er Jahren. Dieser Berufszweig hat sich aufgrund der regen Nachfrage der Palettenverwender etabliert. Sie wollten sich einerseits nicht um die Auflagen des Pfands sorgen, andererseits sollte nach der ersten Ölkrise die Rohstoffindustrie einbezogen werden.

Welche Palettenarten werden in der Regel verwendet? Gibt es Standards?

In der Transportkette, beim Transportieren, Stapeln, Lagern und Bewegen von Waren und Ladung ist die Holzpalette ein unverzichtbarer Helfer. Die Palette wird in allen Industriezweigen eingesetzt: Nahrungsmittel, Mechanik, Chemie, Bau, Pharmazeutik, Automobil usw. Um den unterschiedlichen Anforderungen gerecht zu werden, wurden unterschiedliche Arten von Paletten entwickelt:

Die Mehrwegpalette (schwere Palette) wurde für die mehrmalige Verwendung entwickelt und hergestellt, sie ist stabiler als die Einwegpalette, die nur zum einmaligen Gebrauch bestimmt ist.

Die Einwegpalette (Leichtpalette) mit begrenzter Nutzungsdauer, darf theoretisch nur einmal verwendet werden und ist dann zur Entsorgung bestimmt. Tatsächlich werden viele dieser Paletten für weitere Transporte verwendet und werden dafür, falls nötig repariert. Die Paletten werden oft für die Anforderungen der Kunden maßgefertigt.

Die standardisierten Paletten entsprechen einer vorgegebenen Norm. Diese kann französisch, europäisch oder international sein. Diese standardisierten Paletten sind in der Regel Mehrwegpaletten.

Die Europalette. Ausgelöst durch den Verbund der internationalen Eisenbahngesellschaften, die den größten Teil des Frachtverkehrs abdeckten, wurde 1950 anhand eines Pflichtenhefts eine Palette mit den Maßen 1.200 x 800 x 144 mm entwickelt. Bis 1995 nahm die SNCF am Pool der Europalette teil und schützte die Marke. Seitdem hat EPAL die Verantwortung für die Marke EUR-EPAL übernommen.

Andere Paletten. Es gibt noch weitere standardisierte Paletten, darunter: die Palette CP (Chemieindustrie), die Palette VMF (Glasproduktion), die Zementpalette, die GALLIA Palette (Automobilindustrie), etc.

Was ist eine Pfandpalette?

Pfandpalette ist eine Bezeichnung, die mehre Informationen beinhaltet: Die Palette gilt als Pfandpalette, wenn Sie zu einem Pool gehört, der durch eine juristische Zugehörigkeit vorgegeben ist (z. B.: ECO-PGS Paletten oder PAKI). Dies trifft auch auf die Euro-Palette zu und auf geschlossene Pools, die einer bestimmten Branche zugehören (z. B. die VMF Palette, VMF Zusammenschluss der französischen Glasherstellungsindustrie). Alle Paletten kann man an ihrer Farbe oder an ihrer Kennzeichnung identifizieren. Pfand bedeutet, dass die Palette theoretisch dem Eigentümer zurückgegeben werden muss, sobald die Ladung gelöscht wurde.

Wie lange ist die Lebensdauer einer Palette?

Die wiederverwendeten Paletten erfahren nicht alle die gleiche Behandlung. Je nach Zustand, müssen manche Paletten repariert werden, manche können nicht mehr repariert werden, die meisten Paletten benötigen jedoch keine Reparatur. Durchschnittlich sind bei einer beschädigten Palette zwei oder drei Elemente zu ersetzen, darüber hinaus rechnen sich die Reparaturkosten nicht und bei der weiteren Verwertung wird kein Gewinn mehr erzielt. Die Reparatur wird in 60 bis 70% aller Fälle mit neuem Holzmaterial durchgeführt, ansonsten wird für die Reparaturen Restholz aus beschädigten, nicht mehr reparierbaren Paletten verwendet.

Welche Hölzer werden für die Palettenherstellung verwendet?

Außer bei Spezialanfertigungen, Normvorgaben oder besonderen Erfordernissen, werden die in der Verpackungsbranche üblichen Holzarten verwendet. Für die Palettenherstellung gibt es in Regel fünf Holzarten: Pappel, See-Kiefer, Waldkiefer, Fichte und Douglasie.

Wo findet man Paletten für den persönlichen Gebrauch?

Es gibt verschiedene Möglichkeiten, aber der erste Weg führt immer über den Besitzer der Palette, die außer in Ausnahmefällen nicht dafür gedacht ist in private Hände zu gelangen: Das sind Baumärkte, Supermärkte,

Baustellen, Palettenreparaturdienste, Märkte, Messen und Ausstellungen …

Die Wiederverwertung von Paletten beim Möbelbau erfordert insbesondere bei behandelten Paletten einige Vorsichtsmaßnahmen. Wie erkennt man behandelte und unbehandelte Paletten?

Bei klimatischen Bedingungen, die den Pilzbefall begünstigen und bei Holzarten, die eine kurze Lebensdauer aufweisen, kann der Einsatz von konservierenden Produkten notwendig sein. Je nach Verwendung und Bestimmungsort sind Produkte, mit denen die Paletten behandelt werden von offiziellen Stellen festgelegt. Es sind ausschließlich Produkte zugelassen, die die Nahrungsmittelkette, die Gesundheit und die Umwelt nicht belasten. In den Regelungen für Holzverpackungsmaterial im internationalen Handel, 2009 (ISPM Nr. 15) sind die zugelassenen Holzschutzmittel festgelegt. Diese Regelung wird jedoch noch nicht in allen Ländern angewendet. Weitere Informationen hierzu finden Sie auf der Seite des Julius Kühn-Instituts http://pflanzengesundheit.jki.bund.de. Inzwischen kann dank einem technischen Trocknungsverfahren der Einsatz von chemischen Produkten zur Vermeidung von Schimmel- und Bläuepilzen reduziert werden.

Es ist wichtig, zu wissen, dass Paletten möglicherweise mit Methylbromid (MB) begast worden sind; der Einsatz dieses toxischen Gases ist seit 2010 verboten. Die mit MB gekennzeichneten Paletten sind daher zu meiden. Falls Sie ganz sicher gehen wollen, verwenden Sie hitzebehandelte Paletten. Sie werden in einer Wärmekammer bei 56°C getrocknet, da die Ausfuhr in manche Länder dies erfordert. Diese Paletten sind mit einer Ähre und HT (Heat Treatment) gekennzeichnet. Je nach Bestimmungsland werden nicht behandelte Paletten nicht gekennzeichnet. Um sicher zu gehen, dass sie keine gesundheitsgefährdenden Paletten verwenden, vermeiden sie farbverfleckte Paletten oder Paletten mit Verschmutzungen unklaren Ursprungs. Wählen Sie die Bezugsquelle für Ihre Paletten sorgfältig aus oder wenden Sie sich an einen Palettenreparaturdienst, der Sie fachmännisch beraten kann. Letztendlich werden Möbel aus Paletten oft abgeschliffen oder sogar abgeraspelt; das trägt dazu bei, eventuell behandelte Stellen zu entfernen.

KLEINES PALETTENLEXIKON

Klotz oder Kantholz, umkehrbare oder Doppeldeckpalette? Ob standardisiert oder nicht, Sie können zwischen vielen Palettenarten wählen. Hier finden Sie die wichtigsten Fachbegriffe:

Ausschnitt:
Abschrägung an der unteren Seite der Bodenbretter, erleichtert das Einfahren mit dem Hubwagen oder dem Gabelstapler in die Palette, auch Einfahrfase genannt.

Bodenbrett:
Ein Teil der Auflagefläche der Palette. Es ist das untere Brett der Palette.

Bodenplatte:
Ebene Fläche, die geschlossen oder offen sein kann, sie verteilt das Gewicht der Palette auf dem Boden.

Deckplatte:
Ebene Fläche, die aus einer Spanplatte oder offen oder geschlossenen Brettern bestehen kann, die die Ladung trägt.

Doppeldeckpalette:
Eine Palette bestehend aus Deck- und Bodenplatte.

Eindeckpalette:
Flachpalette nur mit Deckplatte.

Kantholz:
Holz das längs unter den oberen Brettern oder zwischen den oberen und den unteren Brettern angebracht ist.

Klotz:
Tragender Abstandhalter, rechteckig oder rund, ist unter der Deckplatte oder zwischen Deck- und Bodenplatte angebracht, damit die Gabel eines Gabelstaplers oder eines Hubwagens in den Zwischenraum einfahren kann.

Nicht umkehrbare Palette:
Doppeldeckpalette, bei der nur eine Seite beladen werden darf.

Querbrett:
Horizontal angebrachtes Brett, das die Klötze miteinander verbindet und auf dem die Deckbretter angebracht sind.

Rücksprung:
Zurückspringende Kanthölzer oder Klötze, d. h. überstehende Bretter, damit die Palette mit dem Kran gehoben werden kann.

Umkehrbare Palette:
Eine Doppeldeckpalette, die beidseitig genutzt werden kann, da Deck- und Bodenplatte identisch sind.

Vierwegpalette:
Palette, die von vier Seiten mit dem Gabelstapler einfahrbar ist. Kantholzpalette mit zwei Ausschnitten je Kantholz.

Zweiwegpalette:
Palette, die nur von den beiden gegenüberliegenden Seiten mit dem Gabestapler einfahrbar ist

Obengenannte Definitionen sind der Norm NF EN ISO 445 Palettes pour la manutention et le transport de marchandises – Vocabulaire entnommen. Dieses Dokument können Sie von www.afnor.org erwerben. Informationen auf Deutsch gibt es unter www.epal-palets.de.

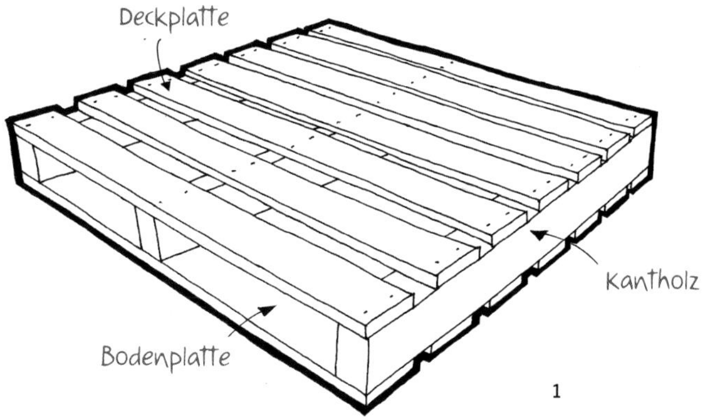

1

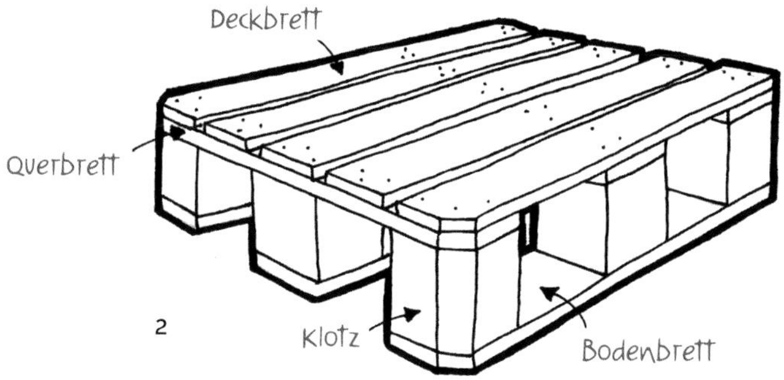

2

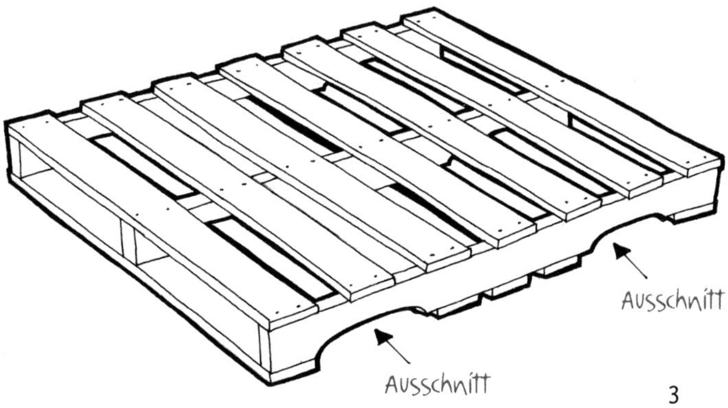

3

1. Kantholzpalette
2. Klotzpalette
3. Palette mit ausgeschnittenen Kanthölzern

1.

2.

3.

4.

5.

6.

KLEINES WERKZEUGLEXIKON

Tacker (1)

Der Handtacker ist das ideale Werkzeug für die Feinarbeit. Mit dem handlichen Tacker können Sie schnell und genau Klammern und Nägel einschlagen. Er ist leichter zu handhaben als ein Hammer und Sie müssen nicht befürchten, dass das Holz splittert. Mit ihm können Spezialnägel wie Stauchkopfnägel eingeschlagen werden, die aufgrund ihres geraden Kopfes ein sorgfältiges Zusammensetzen garantieren.

Gehrungslehre (2)

Die Gehrungslehre mit U-Profil ermöglicht das Sägen im 45° und 90° Winkel. Die Gehrungslehre können Sie mit einer Feinsäge oder einem Fuchsschwanz mit dünnem Sägeblatt, passend zur Größe der Einkerbung, verwenden. Setzen Sie das Holzstück fest in die Lehre, dann ziehen Sie das Sägeblatt durch die Auskerbung auf beiden Seiten der Lehre, je nach gewünschtem Winkel.

Winkelschleifer (3)

Bei den Klötzen oder den Kanthölzern erschwert die Holzstärke das Herausziehen der Nägel mit dem Latthammer oder der Zange. In diesem Fall empfiehlt sich der Einsatz des Winkelschleifers, auch Flex genannt. Mit der Metallscheibe können die Nägel nah am Holz abgeflext werden. Achten Sie darauf, dass die Flex nicht zu nah an die Holzoberfläche kommt, um keine schwarzen Spuren oder Kerben zu hinterlassen. Schutzbrille, Arbeitshandschuhe und Gehörschutz sind dabei unbedingt erforderlich.

Die Handgehrungssäge (4)

Preiswerter als eine elektrische Gehrungssäge ist eine Handgehrungssäge, mit der Sie präzise Schnitte im 30°, 45°, 60° und 90° Winkel vornehmen können. Wählen Sie ein feststellbares Werkzeug, um einen saubern Schnitt zu erhalten. Für einen Einstiegspreis von ca. 20 Euro erhalten Sie eine Säge, die den Anforderungen des Hobbybastlers genügt.

Die Stichsäge (5)

Für den optimalen Einsatz ihres Werkzeugs wählen Sie eine Stichsäge mit verstellbarem Pendelhub. Entscheiden Sie sich für ein Modell mit regelbarer Geschwindigkeit für Sägearbeiten an unterschiedlichen Holzstärken und mit einer bis 45° verstellbaren Fußplatte für schräge Schnitte. Wählen Sie die entsprechenden Sägeblätter für das zu sägende Material. Halten Sie für genaues und sicheres Arbeiten beim Einsatz dieses Werkzeugs die Sicherheitsbestimmungen unbedingt ein.

Deltaschleifer (6)

Der Deltaschleifer, auch Dreieckschleifer genannt, ist ein Schwingschleifer, der sich für die Feinarbeit hervorragend eignet. Durch seine Größe und Form ist der Deltaschleifer ein praktisches Werkzeug zum Schleifen von ebenen aber schwer zugänglichen Flächen und Ecken. Er ist leicht und einfach zu handhaben.

ZERLEGEN EINER HOLZPALETTE

Das Zerlegen einer Holzpalette erfordert Geduld, Sorgsamkeit und die Bereitschaft zuzupacken! Welche Methode sie wählen hängt vom Werkzeug und dem Palettentyp ab.

Methode 1: Mit dem Meißel (1 und 2)
Mit dem Meißel können die Nägel zwischen den Brettern durchgetrennt werden. Schieben Sie ihn zwischen die Bretter und das Kantholz, bzw. die Klötze, je nach Palettenart, und schlagen Sie mit dem Hammer darauf.

Methode 2: Mit Geißfuß und Hammer (3 und 4)
Diese Methode wird zum Zerlegen von Klotzpaletten angewandt. Schlagen Sie mit einem Hammer von allen Seiten gegen die Klötze, um diese zu lockern. Verwenden Sie dabei einen Schlagklotz, um das Holz nicht zu beschädigen. Setzen Sie den Hammer zwischen Querbrett und Klotz an und hebeln Sie den Spalt auf. Demontieren Sie den Klotz vollends mit dem Geißfuß.

Methode 3: Mit der Metallsäge (5)
Setzen Sie das Blatt der Metallsäge zwischen die Bretter und die Kanthölzer bzw. die Klötze, je nach Palettenart, und sägen Sie die Nägel durch. Wenn die Lücke für das Sägeblatt zu schmal ist, hebeln Sie diese mit einem kleinen Schlitzschraubenzieher auf.

Was tun mit den Nägeln?

Sie haben zwei Möglichkeiten, je nachdem wie das fertige Möbelstück aussehen soll.

1. Die Nägel entfernen
Sind die Nägel durchgesägt, verwenden Sie einen Senker, Hammer und Zange, um diese zu entfernen. Setzen Sie den Senker auf das abgesägte Ende des Nagels, schlagen Sie leicht mit den Hammer darauf, damit der Nagel auf der anderen Seite austritt. Wenden Sie das Brett und entfernen Sie den Nagel mit der Zange. Bei ganzen Nägeln schlagen Sie mit dem Hammer auf die Spitze und ziehen ihn mit einer Zange heraus. Verschließen Sie die Löcher mit Holzkitt.

2. Die Nägel drinnen lassen (6)
Trennen Sie die hervorstehende Spitze mit einer Metallsäge oder einem Winkelschleifer ab.

Beim Lesen dieses Buches werden Sie feststellen, dass wir die Nägel gerne in den Möbeln belassen. Wir finden, dass dies ein typisches, sehr dekoratives Element der Holzpalette ist.

1.

2.

3.

4.

5.

6.

Kinderbett „Sandmännchen“

Im Kinderzimmer spiegelt sich das ganze Universum Ihres Kindes wider. Hier schläft Ihr Kind ein, spielt, wacht auf … Schenken Sie daher diesem Raum Ihre besondere Aufmerksamkeit. Mit diesem Bett als Mittelpunkt des Zimmers wird Ihr Kind sich wohlfühlen. Für den erholsamen Schlaf unserer Kleinen muss das Bett einladend und bequem sein und soll zudem noch Spaß machen. Das Bett „Sandmännchen“ ist der ideale Übergang vom Gitterbettchen zum großen Bett. Die Kleinen fühlen sich in diesem gemütlichen, hölzernen Kokon mit vielen Fächern für die geliebten Schätze rundum wohl. Das erste Bett auf dem Weg zum Großwerden! In diesem Bett kann man beim Vorlesen mit Mama und Papa getrost auf das „Sandmännchen“ warten.

ANREGUNG: LORI DANELLE (LORIDANELLE.COM)

UMSETZUNG: AURÉLIE DROUET & JÉRÔME BLIN

Kinderbett „Sandmännchen“

WERKZEUGKASTEN

Werkzeug

- Stichsäge
- Fuchsschwanz
- Hammer
- Schraubenschlüssel
- Akku-Bohrschrauber
- Winkelschleifer
- Exzenterschleifer
- Schraubzwingen
- 1 kleine Schaumstoffrolle
  1 kleiner Pinsel

Material

- 2 Doppeldeckkantholzpaletten, 1.100 x 900 mm
- Klotzpaletten mit geschlossener Deckplatte, 800 x 600 mm
- selbstbohrende Holzschrauben
- Nägel
- 3 Schrauben mit Muttern + Unterlegscheiben (ø 80 x 80 mm)
- 5 lenkbare Möbelrollen, eine davon mit Feststeller (ø 75 mm)
- Farbe im Farbton Ihrer Wahl

Und das Beste: Viel Stauraum im Kopfteil und unter dem Bettenrost. Mit den lenkbaren Rollen können Sie das Bett leicht verschieben.

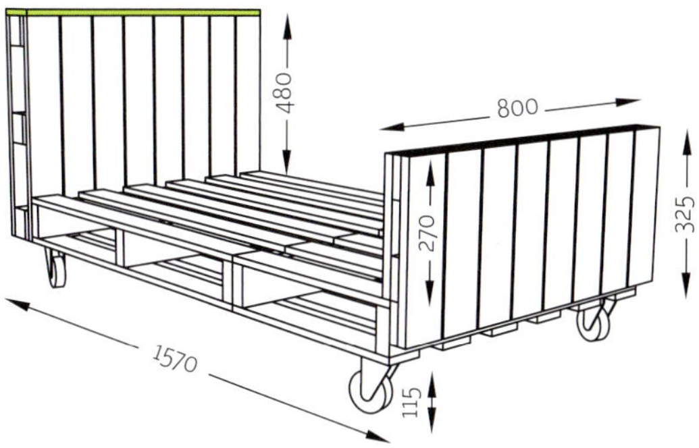

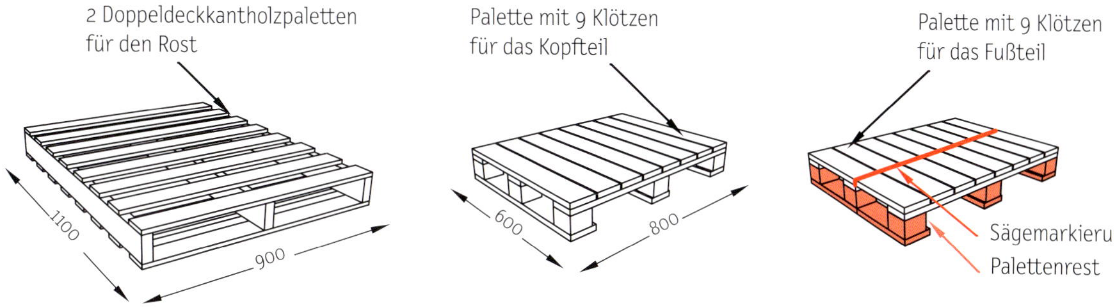

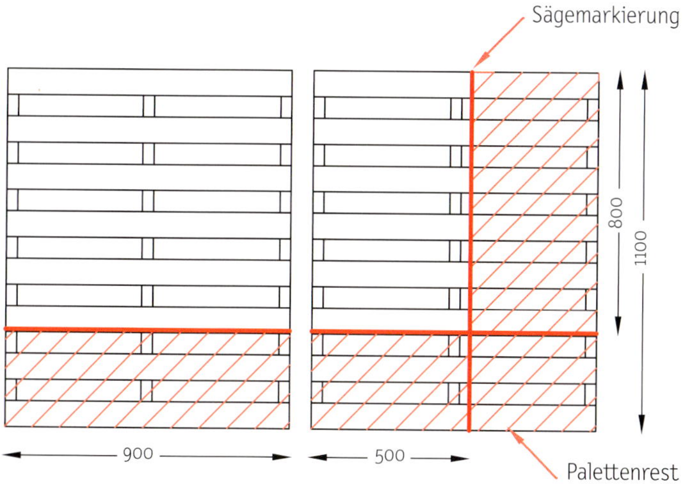

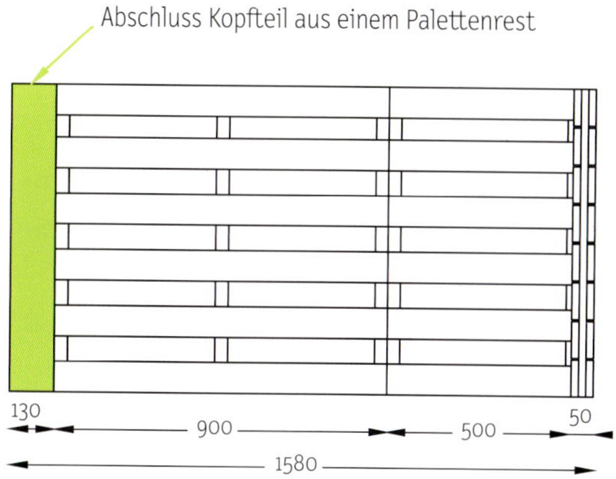

Alle Maße in den Zeichnungen sind in Millimetern angegeben.

Bauanleitung

1. Zerlegen Sie für den Lattenrost die beiden Kantholzpaletten, Maße wie auf dem Plan angegeben, um ein Bett in der Größe 1.400 x 800 mm (hier Größe der Matratze) zu bauen. Schleifen Sie das Holz ab.

2. Das Fußteil wird aus einer 800 x 600 mm großen Klotzpalette gearbeitet, von der nur die Deckplatte verwendet wird. Entfernen Sie die unteren Bretter und die Klötze mit Methode 2 (siehe Zerlegen einer Holzpalette, Seite 16).

3. Trennen Sie die überstehenden Nägel mit dem Winkelschleifer ab.

4. Sägen Sie die entstandene Platte entlang des mittleren Querbretts auseinander.

5. Setzen Sie die beiden Teile links auf links aufeinander und richten Sie das schmalere an einem der Querbretter aus.

6. Nageln Sie die beiden Teile des Fußteils zusammen und schleifen Sie es.

7. Verwenden Sie für das Kopfteil die ganze zweite Klotzpalette. Verwenden Sie einen 800 mm langen Palettenrest, um die Palettenöffnung nach oben hin abzudecken. Nageln Sie ihn auf die Klötze der Palette und schleifen Sie das Kopfteil ab.

8. Die beiden Paletten für den Rost, werden mit drei Schrauben und Muttern an den Kanthölzern zusammengeschraubt. Bohren Sie bei der ersten Palette ein Loch in die Mitte des Kantholzes und in beide Enden. Verwenden Sie einen Holzbohrer mit dem Durchmesser der Schraube.

Bauanleitung

9. Legen Sie die beiden Paletten umgedreht auf den Boden und fixieren Sie sie an den Kanthölzern mit Schraubzwingen. Schieben Sie den Bohrer in die Löcher und bohren dann in das zweite Kantholz.

10. Setzen Sie die Schrauben und die Unterlegscheiben ein, ziehen Sie die Muttern mit dem Schraubenschlüssel an.

11. Schrauben Sie die vier Rollen, eine davon mit Feststellbremse, an jede Ecke des Betts. Setzen Sie die fünfte Rolle mittig auf die beiden Kanthölzer und verbinden diese so miteinander. Wenden Sie den Rost.

12. Schrauben Sie das Fußteil an den Bettrahmen.

13. Schrauben Sie das Kopfteil an den Rahmen.

14. Tragen Sie mit einer kleinen Schaumstoffrolle Farbe auf die glatten Flächen auf. Verwenden Sie für die Feinarbeit einen kleinen Rundpinsel.

15. Dank der Rollen ist das Bett mobil und kann leicht verschoben werden. Damit das Bett nicht verschoben werden kann, wenn es nicht sein soll, montieren Sie eine Rolle mit Feststellmechanismus.

16. In den kleinen durch das Zusammensetzen der Paletten gewonnenen Fächern, stehen die Gutenachtgeschichten immer griffbereit im Kopfteil des Betts.

Stehlampe „Vierbeiner“

Eine witzige Beleuchtung, die – trotz aller Funktionalität und Raffinesse – nicht so ganz ernst genommen werden will. „Vierbeiner“ sieht nicht nur gut aus, sondern leuchtet auch punktgenau, mit einer exakt berechneten Lichtintensität. Im Wohnzimmer, nicht weit von einem Bildschirm am Boden aufgestellt, verbreitet diese Lampe stimmungsvolles Licht, nicht zu intensiv, aber auch nicht zu schwach. Einfach und zweckmäßig: als Lampe neben dem Sofa und gleichzeitig als Ablage für Fernbedienung und Fernsehzeitschrift gedacht. „Vierbeiner“, ein seltsamer Name? Bretter wie Pfoten und das Stromkabel am Ende haben zur Namensgebung beigetragen. Diese Lampe wird zum permanenten Begleiter, wie das Haustier, das neben dem Sofa döst.

DESIGN: PHILIPPE DANEY

Stehlampe „Vierbeiner“

WERKZEUGKASTEN

Werkzeug
- Schraubenzieher
- Deltaschleifer + Schleifkotz
- Lappen
- 1 Flachpinsel

Material
- 1 Rest einer umkehrbaren Kantholzpalette, 310 x 530 mm (der hier verwendete Rest ist vom Sessel „Charles-Edouard“ übrig)
- 1 Aluminiumstreifen
- 1 Satz LED Band (1 Rolle LED Streifen, Stecker und ein Transformator)
- Brennspiritus
- 8 kleine Holzschrauben
- Holzfarbe im Farbton Ihrer Wahl

Und das Beste: Die Lampe ist ganz einfach und schnell zu bauen.

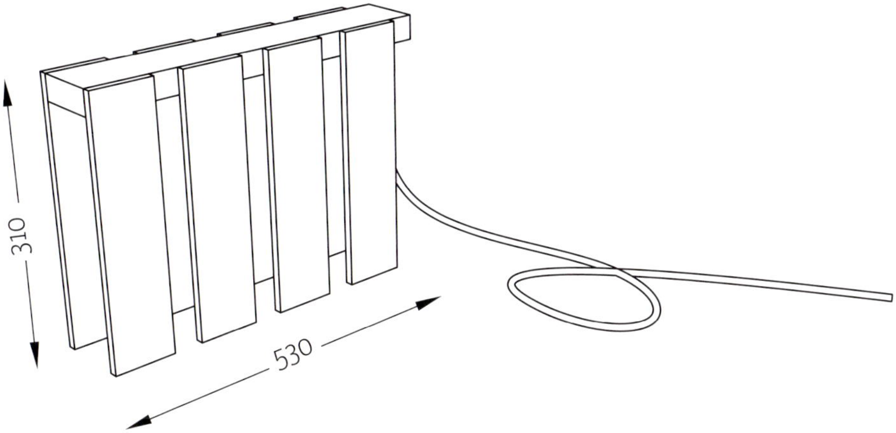

Rest einer umkehrbaren Kantholzpalette

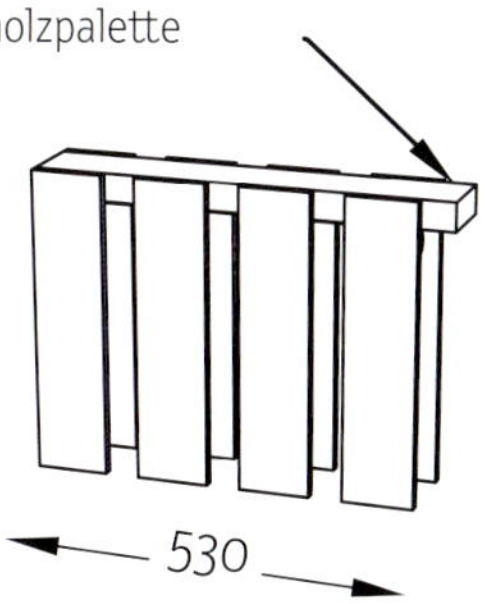

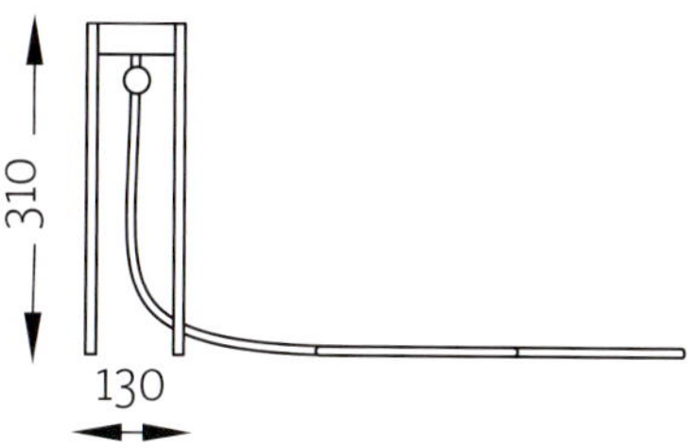

Alle Maße in den Zeichnungen sind in Millimetern angegeben.

Bauanleitung

1. Schleifen Sie die Palette ab. Schleifen Sie die Innenseite des Kantholzes mit dem Schleifklotz

2. Schneiden Sie einen 390 mm langen Aluminiumstreifen ab. Kürzen Sie das LED Band auf die Länge des Metallstreifens. Auf dem Band sind Schnittvorgaben durch einen Strich oder eine Schere angegeben. *Wichtig: Beachten Sie aus Sicherheitsgründen die Schnittvorgaben auf dem Band!*

3. Entfetten Sie den Aluminiumstreifen mit Spiritus, damit das selbstklebende LED Band besser daran haftet.

4. Kleben Sie das LED Band sorgfältig auf den Aluminiumstreifen.

5. Verbinden Sie die Anschlüsse des Netzteils mit dem LED Band entsprechend der Bedienungsanleitung. Die Hersteller verwenden heute einfache Steckverbindungen, bei denen jeder Anschluss eindeutig zuzuordnen ist.

6. Befestigen Sie den Aluminiumstreifen mittig auf dem Kantholz.

7. Feinarbeit: Tragen Sie ein oder zwei Schichten Farbe auf, je nach gewünschtem Ergebnis. Holz ist ein poröses Material, das die Farbe schnell aufnimmt. Sie benötigen weniger Farbe, wenn Sie zuvor eine spezielle Holzgrundierung auftragen, die das Holz verschließt.

l'école française
KITCHEN KITSCH

Sessel „Charles-Edouard"

Mit seiner quadratischen Form und dem zeitlosen Design, drückt der Sessel „Charles-Edouard" die Kunst des Minimalistischen aus. Ein klassischer Sessel, der zu jedem Einrichtungsstil passt und bei dem man sich an Farbe wagen sollte.

Das Design wurde von Charles-Édouard Jeaneret-Gris inspiriert, besser bekannt unter dem Namen Le Corbusier. Martin und Mathieu haben sich für dieses Möbel an dem berühmten, von Le Corbusier entworfenen Sessel LC2 orientiert, dessen Struktur sich hier wiederfindet. Verchromtes Metall für den LC2, Holzpaletten für den Sessel „Charles-Edouard"!

DESIGN: M&M DESIGNERS

FERTIGUNG DER KISSEN: MARIE-NOËLLE SALAÜN

Sessel „Charles-Edouard“

WERKZEUGKASTEN

Werkzeug

- Fuchsschwanz
- Stichsäge
- Winkelmaß
- Exzenterschleifer und Deltaschleifer
- Akkuschrauber
- Schraubzwingen
- Pinsel: 1 kleine Rolle, 1 Rundpinsel, 1 Flachpinsel

Material

- 2 umkehrbare Kantholzpaletten, 1.150 x 1.150 mm
- selbstbohrende Holzschrauben
- 4 Montagewinkel 80/80/40 mm
- 6 Montagewinkel 40/40/40 mm
- Holzfarbe im gewünschten Farbton
- 1 Stück Schaumstoff mit 8 cm Höhe und Stoff für die Kissen

Und das Beste: der Stauraum in den Armlehnen. Die klassische Sesselform steht im Kontrast zur originellen Farbgebung.

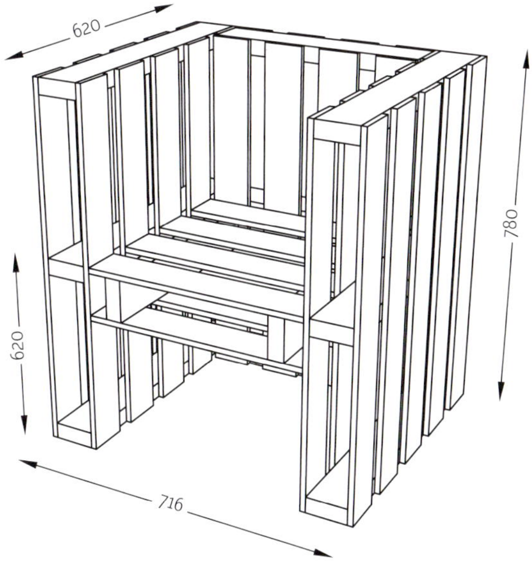

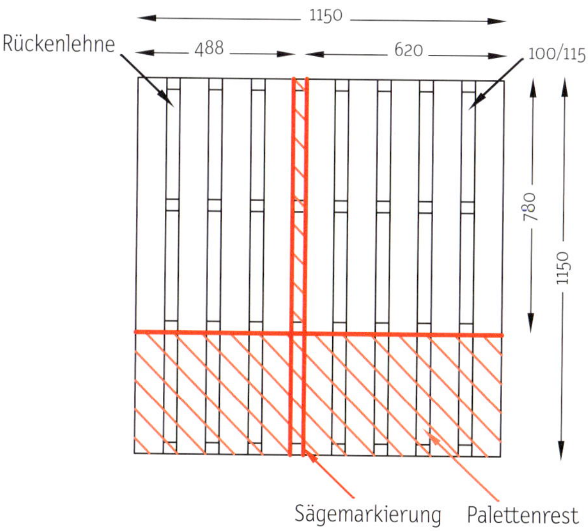

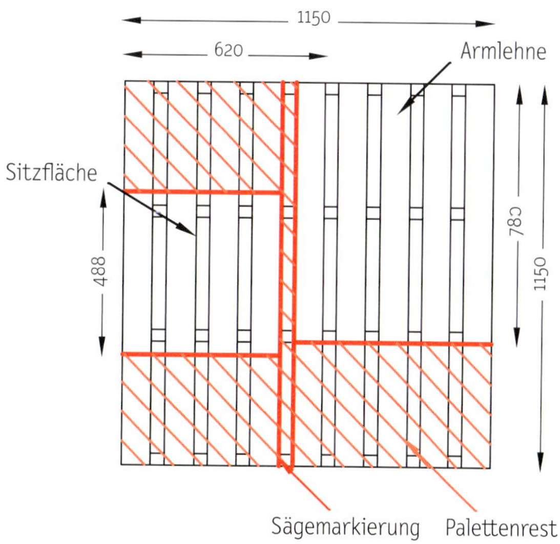

Alle Maße in den Zeichnungen sind in Millimetern angegeben.

Bauanleitung

1. Zeichnen Sie entsprechend den auf dem Plan angegebenen Maßen auf beide Paletten die Sägemarkierung ein und sägen Sie. Wichtig: Für eine saubere Sägekante müssen Sie die Sägemarkierung auf beide Seiten der Paletten einzeichnen, da diese umkehrbar sind!

2. So erhalten Sie die vier Teile, die den Sessel bilden: die Sitzfläche und eine Armlehne aus der ersten Palette, die Rückenlehne und eine Armlehne aus der zweiten Palette.

3. Schleifen Sie alle Teile mit einem Exzenterschleifer ab.

4. Verwenden Sie für das Schleifen der Kanthölzer und der Bretterkanten einen Deltaschleifer. Aufgrund seiner Form und Größe eignet er sich für kleine Flächen und schwierig zu erreichende Stellen.

5. Streichen Sie die Bretter und die Kanthölzer vor dem Zusammenbauen mit einer kleinen Rolle. Verwenden Sie für die Innenseiten der Paletten einen Flachpinsel und einen Rundpinsel für die Feinarbeit. Tragen Sie die unverdünnte Farbe in zwei Schichten auf. Schleifen Sie die getrocknete Farbe vor dem Auftragen der zweiten Schicht leicht an.

6. Legen Sie einen Metallwinkel auf den Boden und richten Sie das Rückenteil und die erste Armlehne im rechten Winkel daran aus. Klemmen Sie die Teile mit Schraubzwingen zusammen.

7. Positionieren Sie die Sitzfläche in der gewünschten Höhe (hier 400 mm), damit der obere Teil der Sitzfläche mit den Kanthölzern der Armlehne eine Linie ergibt und markieren Sie die Stelle von unten.

8. Schrauben Sie 4 Winkel (80/80/40 mm) unter die angebrachte Markierung, um das Rückenteil und die Armlehnen zusammenzuschrauben.

Bauanleitung

9. Legen Sie den Sessel auf die Rückseite und befestigen Sie mit den Schraubzwingen den Sitz in der angegebenen Höhe. Überprüfen Sie mit dem Metallwinkel, ob die Winkel stimmen.

10. Schrauben Sie zwei Montagewinkel (40/40/40 mm) an den Sitz und das Rückenteil.

11. Schrauben Sie vier Montagewinkel an den Sitz und die Armlehnen.

12. Zur Fertigung der Kissen, nehmen Sie die Innenmaße des Sitzteils und des Rückens und schneiden Sie das entsprechende Sitzkissen aus einem 80 mm dicken Schaumstoff aus. Beachten Sie, dass das Rückenkissen auf dem Kissen der Sitzfläche aufliegt, daher müssen hier 80 mm bei der Höhe abgezogen werden.

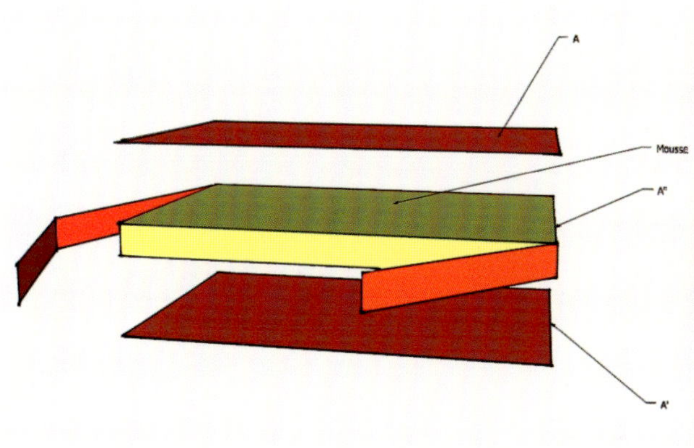

13. Schneiden Sie für die Überzüge zwei gleiche Rechtecke (A und A') in der Größe Ihres Schaustoffkissens, fügen Sie 10 mm Nahtzugabe auf jeder Seite hinzu. Schneiden Sie einen Stoffstreifen (A'') in der Länge des Kissenumfangs.

14. Setzen Sie ein Rechteck und den Stoffstreifen rechts auf rechts zusammen und steppen drei Seiten. Nähen Sie das zweite Rechteck ebenso. Den Bezug wenden, über den Schaumstoff ziehen und die Öffnung im Blindstich schließen.

15. Nutzen Sie den Stauraum in den Armlehnen für Bücher und Zeitschriften.

Nina Tolstrup

England

Nina Tolstrup in 5 Jahreszahlen

1962 : Geboren in Kopenhagen.

2000 : Gründung von Studiomama.

2010 : Nominierung beim *Brit Insurance Design of the Year* in der Kategorie Möbel.

2010 : Ausstellung *Pallet Project* in der Galerie Phillips de Pury & Company (New York).

2011 : Ausstellung in der Galerie Libby Sellers (London).

Nina Tolstrup ist international! Die geborene Dänin geht nach Paris, um an der ENSCI-Les Ateliers (Nationale Hochschule für Industriedesign) zu studieren, dann wählt sie London zum Wohnsitz, wo sie Studiomama gründet. Während sie für Marken wie Habitat, Lexon oder Giannini Möbel entwirft, realisiert Nina Tostrup unter dem Namen Studiomama ihre ganz persönlichen Designs. Mit *Pallet Project* hat sie eine Möbelkollektion, Dekoartikel und Leuchten auf der Grundlage von Paletten entworfen. Arbeiten, bei denen die Idee der Selbstversorgung, des Recyclings, der Verwandlung und der Zweckmäßigkeit umgesetzt werden. Die Designerin versteht ihr Projekt als nachhaltig, bezahlbar und bewusstseinsfördernd.

Angefangen hat es 2006 mit dem Projekt *10, Ten, X*, für das Nina Tolstrup ein paar Objekte entworfen hatte. Aufgrund des großen Interesses für diese Möbel bei einer Ausstellung, beschloss sie die Bauanleitungen für einige dieser Möbel und Leuchten auf ihre Homepage zu stellen. Das Projekt wird international, hält jedoch an der Idee fest, lokale Ressourcen für die Herstellung zu verwenden: die Palette. Seitdem wurden weltweit Tausende Möbel im Design von Studomama gebaut!

Ein Projekt, das sich bis nach Argentinien erstreckt. Etliche von bekannten Designern gebaute Sessel wurden versteigert. Der Erlös ging an einen wohltätigen Verein in Buenos Aires. Der Verein Amistad o Nada unter der Leitung der Fotografin und Galeristin Cecilia Glik, beschäftigt Arbeitslose. Mit den Plänen von Nina Tolstrup, stellen sie Stühle aus Paletten her und verkaufen sie. Der Erlös kommt dem Aufbau von Werkstätten in den Elendsvierteln zugute, um der benachteiligten Gesellschaftsschicht eine Einkommensquelle zu ermöglichen.

Studiomama

21-23 Voss Street - E2 6JE London - Tél : +44 2 070 330 408

tolstrup@studiomama.com - www.studiomama.com

10

2

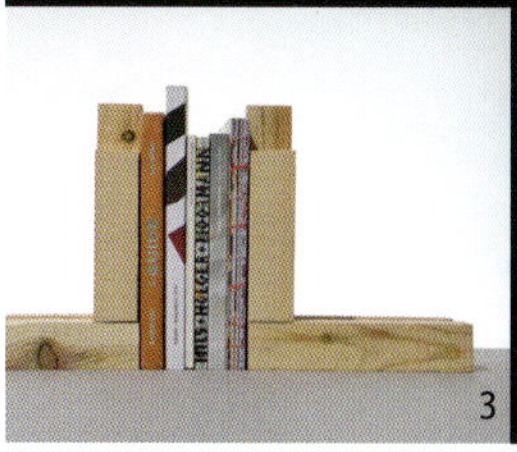

3

9

1

4

7

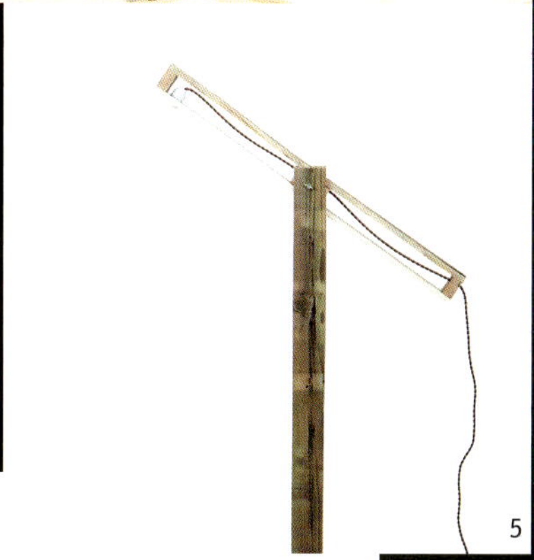

5

8

6

1. Paletten Kronleuchter ▪ 2. Paletten Hocker ▪ 3. 1 X 1 Buchstützen ▪ 4. Konferenztisch
5. Paletten Stehlampe ▪ 6. Pollocky Stuhl by Gavin Turk ▪ 7. Blockhocker Blau & Rot
8. 1 X 1 Tischleuchte ▪ 9. Palletenstuhl ▪ 10. Konferenzstühle by Benchmark.

Liegestuhl „Cinchas"

Bei den ersten Atlantiküberquerungen war er auf den Brücken der Passagierdampfer zu sehen; seitdem hat der Liegestuhl Gärten und Terrassen in aller Welt erobert. Als Synonym für Entspannung, ist er ein unverzichtbares Möbel für das Sonnenbad und das Dolcefarniente geworden!

Entdecken Sie die Interpretation dieses Klassikers in Palettenversion von M&M Designers. Zunächst nannte Martin den Liegestuhl während der Entwicklungsphase „Cinchas". Der Begriff, dem Spanischen entliehen, bedeutet Gurte auf Deutsch und gab schließlich diesem Design den Namen.

DESIGN: M&M DESIGNERS

Liegestuhl „Cinchas“

WERKZEUGKASTEN

Werkzeug

- Fuchsschwanz
- Stichsäge
- Akkuschrauber
- Exzenterschleifer

Material

- 2 Kantholzpaletten mit Rücksprung (Hier verwendeter Typ: 1.150 x 900 mm/ Deckplatte: 7 Bretter, Bodenplatte: 5 Bretter)
- selbstbohrende Holzschrauben für den Außenbereich
- 4 Zurrgurte
- 4 verzinkte Stahlscharniere, 100 x 100 mm

Und das Beste: Kann durch Anziehen der Zurrgurte verstellt werden.
Zusammengeklappt ist der Liegestuhl leicht aufzubewahren.

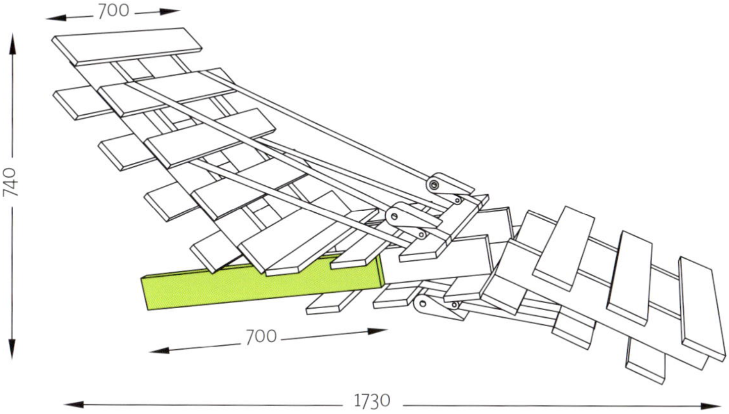

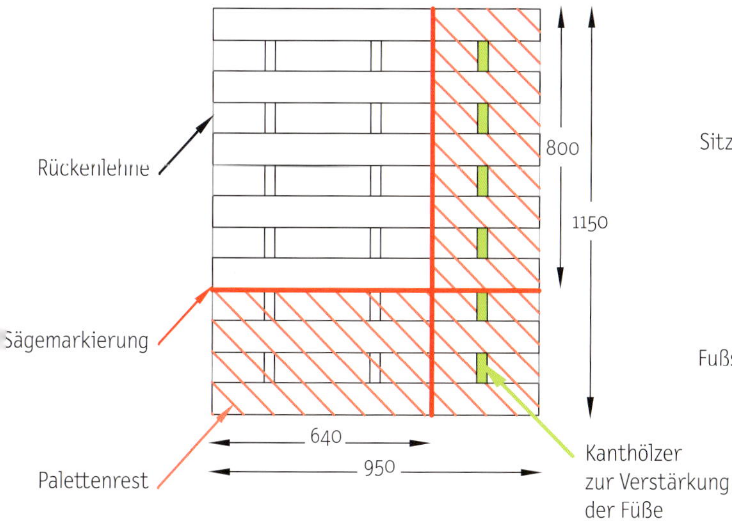

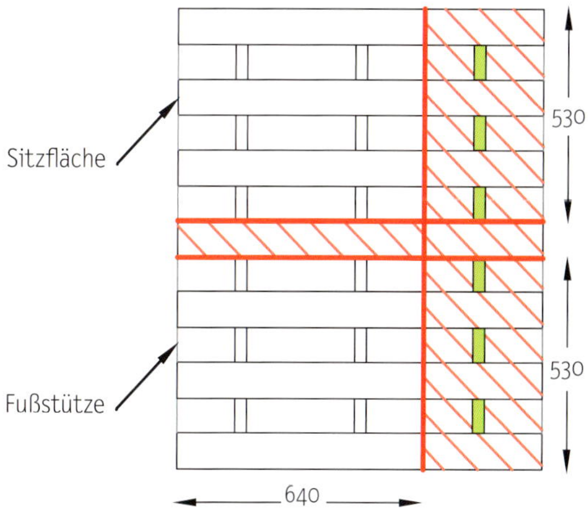

Alle Maße in den Zeichnungen sind in Millimetern angegeben.

Bauanleitung

1. Zerlegen Sie die beiden Paletten entsprechend den auf dem Plan angegebenen Maßen. So erhalten Sie die drei Teile des Liegestuhls: die Rückenlehne, die Sitzfläche und die Fußstütze. Verwenden Sie die Stichsäge zum Sägen der Bretter und den Fuchsschwanz für die Kanthölzer, da diese dicker und nicht so leicht zugänglich sind. Schleifen Sie das Holz ab.

2. Verwenden Sie Kanthölzer von Palettenresten und sägen Sie zwei 700 mm lange Teile für die Füße des Liegestuhls.

3. Verbinden Sie die Rückenlehne und die Sitzfläche mit zwei Scharnieren. Verbinden Sie die Sitzfläche mit der Fußstütze ebenso.

4. Lassen Sie jedes dieser Kanthölzer mit denen der Sitzfläche 250 mm überlappen, sodass 450 mm als Fuß überstehen.

5. Klemmen Sie die Kanthölzer mit Schraubzwingen zusammen und drehen Sie die Schrauben versetzt ein.

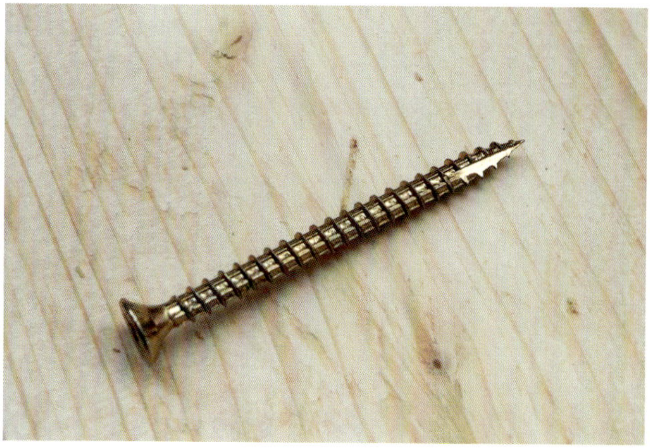

6. Tipp: Damit das Holz mit herkömmlichen Holzschrauben nicht splittert, ist es empfehlenswert ein Loch mit einem kleineren Durchmesser als der der Schraube vorzubohren. Sie können auch spezielle Schrauben mit abgeschrägter Spitze verwenden. Damit splittert das Holz nicht und es erspart das Vorbohren.

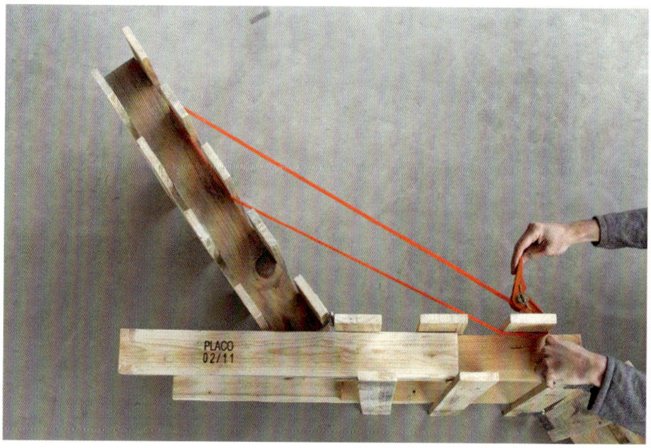

7. Spannen Sie den Zurrgurt von der Rückenlehne zur Sitzfläche. Regulieren Sie die Spannung entsprechend der gewünschten Neigung. Wiederholen Sie den Vorgang bei der Fußstütze.

8. Zusammengeklappt kann der Liegestuhl auf kleinstem Raum verstaut werden, die Gurte halten Rückenteil, Sitzfläche und Fußstütze zusammen.

Les M&M Designers
Martin Lévêque & Mathieu Maingourd

Martin & Mathieu in 7 Jahreszahlen

1980: Mathieu in Rosny-sous-Bois und Martin in Limoges geboren

1999: Zusammentreffen an der Hochschule für Design ESAA in Troyes

2002: Mathieu arbeitet für Céline/Designer & Mitarbeiter von Hannah Norman und Nicole Stulman

2005: Martin erwirbt ein weiteres Diplom in angewandter Kunst an der La Martinière, Terreaux de Lyon

2006: Martin zieht nach Brüssel und arbeitet mit dem Designer Xavier Lust

2008: Mathieu macht den Diplom der École supérieure des beaux-arts (Hochschule der schönen Künste) in Angers

2010: Martin arbeitet für die Agentur Recetas Urbanas des Architekten Santiago Cirugeda in Sevillia/Mathieu arbeitet als Freelancer

Die M&M Designer sind ein talentiertes frankobelgisches Duo. Neben der Umsetzung ihrer eigenen Arbeiten treffen sich die jungen Designer regelmäßig, um gemeinsame Projekte zu realisieren. Sie sind sich einig: "Design ist eine Mischung aus künstlerischer Gestaltung, Fachwissen und Zwischenmenschlichem. Sie haben kein bevorzugtes Material, aber beide das Ziel mit ihren Entwürfen eine Message zu transportieren: „wichtig ist was ein Objekt erzählt".

Wie kamt ihr dazu, Möbel aus Holzpaletten zu entwerfen?

Martin: Die Palette verlässt ihr gewöhnliches Umfeld, um sich in den Alltag zu integrieren, das ist ein sehr kreativer Ansatz. Die Grundidee dahinter: Wie zerlegt man eine Palette und fügt sie wieder zusammen, um sie nutzbar zu machen. Die Antwort ist offensichtlich - Möbel, streng wie der Esstisch, anpassungsfähig wie das Regal, verstellbar wie der Liegestuhl ...
Mathieu: Möbel aus Paletten zu bauen ist nicht neu und die DIY (Do It Yourself) Idee ebenso wenig. Der Designer interpretiert das vorhandene Material. Wir haben die Palette mit unseren jeweiligen Kulturen und Persönlichkeiten einfach neu interpretiert!

Was inspiriert euch zu euren Entwürfen?

Martin: Wir wollten Möbel entwerfen, die leicht nachzubauen, praktisch zu verwenden und klar in ihrer Form waren. Ihrer ursprünglichen Bestimmung enthoben, inspiriert die Palette selbst zu originellen Möbeln.
Mathieu: Wir haben keine neuen Möbel entworfen, wir haben Existierendes neu interpretiert. Schon allein die Idee der Wiederverwertung rechtfertigt das Material. Auf einer Palette sieht man Linien, aber wie entwickelt man ein Möbel auf dem man nicht nur das sieht. Der Esstisch Line Up könnte eine Antwort darauf sein.

Welches sind die Vor- und Nachteile der Palette?

Martin: Das Gewicht bedeutet eine Einschränkung, die berücksichtigt werden muss, da die Möbel schwer sind. Was die Bequemlichkeit angeht, muss man Kompromisse finden, vor allem bei den Stühlen.
Mathieu: Die Palette bietet viel Freiheit. Wenn man Möbel selbst baut, ist das Engagement das Wichtigste. In der Gestaltung liegt eine große Wertschätzung.

Martin Lévêque
44, rue Eeckelaers - 1210 Bruxelles, Belgique
kadiak29@hotmail.com - http://be.net/martinleveque

Mathieu Maingourd
13, rue Barbe-Torte - 44200 Nantes
math_ology@hotmail.com - http://dopirate.free.fr

Von links nach rechts:
Sessel „Charles-Edouard“ (S. 22) ▪ Liegestuhl „Cinchas“ (S. 42) ▪ Couchtisch „Invader“ (S. 50) ▪ Regal „Charlotte“ (S. 124) Esstisch „Line Up“ (S. 180–

Couchtisch „Invader“

Der Couchtisch ist ein wichtiger Bestandteil unserer Inneneinrichtung. Ein Möbel, das dekorativ sein soll, aber auch praktisch. Er spielt im Wohnzimmer eine wichtig Rolle, sei es als Schreibtisch für die Kinder, als Abstelltisch für einen Kaffee mit Freunden oder als prominente Ausstellungsfläche unserer liebsten Dinge. Mit dem Tisch „Invader“, geben Sie dem Raum Charakter.

Der Name „Invader“ wurde von dem Videospiel Space „Invaders“ übernommen. Die Grundform des Couchtischs, insbesondere die ausgeschnittenen Kanthölzer und die Füße, erinnern an die Aliens des Spiels – halb Raumschiff, halb Gesicht.

DESIGN: M&M DESIGNER

Couchtisch „Invader“

WERKZEUGKASTEN

Werkzeug

- Fuchsschwanz
- Stichsäge
- Akkuschrauber
- Exzenterschleifer + Schleifklotz
- Schraubzwingen
- Pinsel: 1 Flachpinsel, 1 Rundpinsel

Material

- 2 Kantholzpaletten mit ausgeschnittenen Kanthölzern (Hier verwendeter Typ:1.110 x 1.060 mm)
- selbstbohrende Holzschrauben
- Holzdübel (ø 8 mm)
- 4 Metallecken (75 x 75 x 105 mm)
- Holzkleber
- Farbkreide
- weiße Holzfarbe

Und das Beste: viel Platz unter der Tischplatte. Anspielung auf das berühmte Videospiel.
Zeichnungen Seite 53

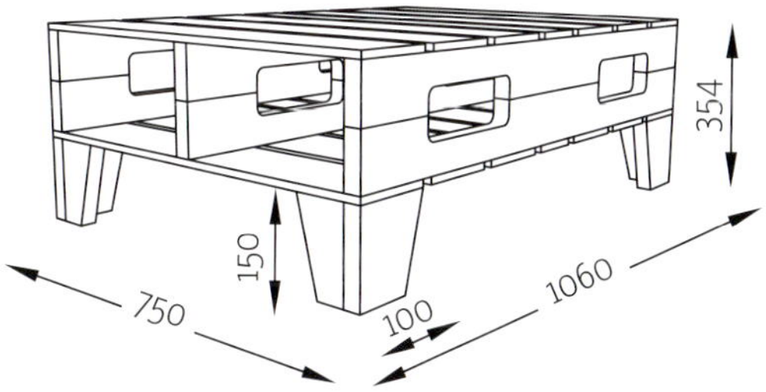

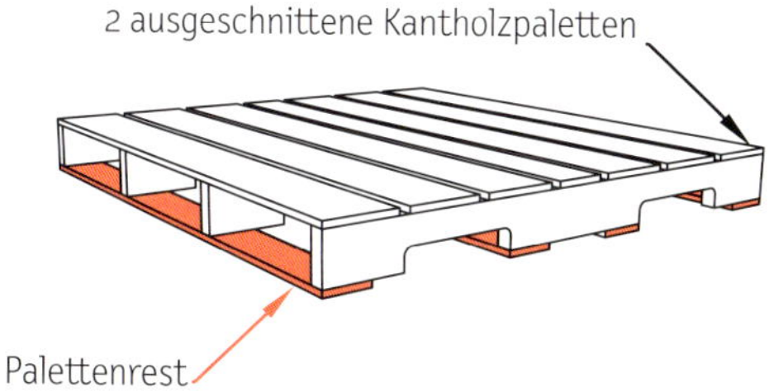

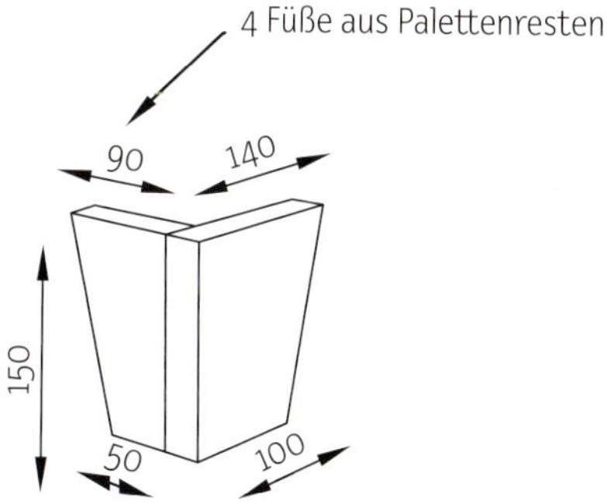

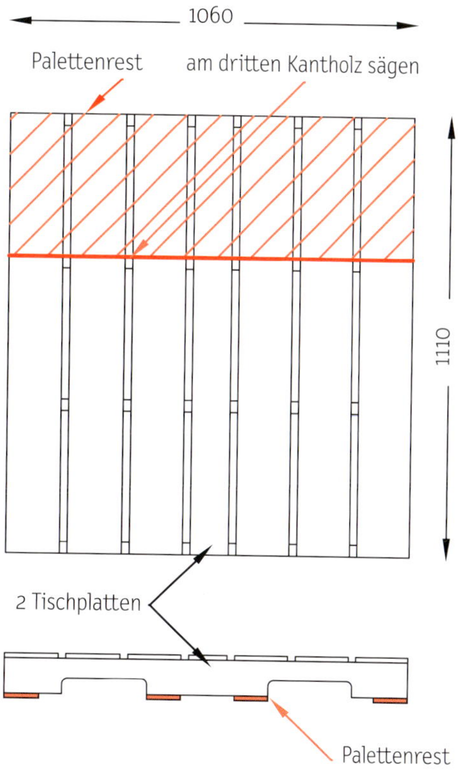

Alle Maße in den Zeichnungen sind in Millimetern angegeben.

Bauanleitung

1. Entfernen Sie die Bretter der Deckplatten von beiden Paletten. Zerschlagen Sie sie mit einem Hammer zwischen den Kanthölzern und entfernen Sie die Teile von Hand. Diese Methode funktioniert nur bei dünnen Brettern. Oder gehen Sie nach Methode 3 vor (siehe Zerlegen einer Holzpalette, Seite 16).

2. Schneiden Sie die restlichen Nägel mit dem Winkelschleifer nahe am Holz der Kanthölzer ab. Bringen Sie das Werkzeug nicht zu nah an die Oberfläche, um keine schwarzen Spuren oder Rillen zu hinterlassen. Schutzbrille, Arbeitshandschuhe und Gehörschutz sind unverzichtbar.

3. Ziehen mit der Setzlatte einen Strich entlang des dritten Kantholzes, leicht versetzt, damit Sie das Kantholz beim Schneiden mit der Stichsäge nicht beschädigen.

4. Sägen Sie und bewahren Sie die Reste für die Füße des Couchtisches auf.

5. Schleifen Sie die beiden Teile der Platte mit einem Exzenterschleifer, zunächst mit einem grobkörnigen Schleifpapier, zum Abschluss mit einem feinkörnigen. Verwenden Sie den Schleifklotz, um die Kanten der Bretter der oberen Tischplatte abzurunden.

6. Verzapfen Sie die beiden Platten miteinander. Zeichnen Sie auf das Kantholz einer der Paletten die Stellen für die 6 Holzdübel genau ein. Bohren Sie mit einem kleinen Holzbohrer (ø 9 mm), ca. 2 mm tiefere Löcher als der Holzdübel lang ist, um Platz für den Kleber zu lassen.

7. Stecken Sie die Holzdübel in die Löcher und markieren Sie die Dübel mit Kreide, um die Bohrstellen auf die zweite Platte zu übertragen.

8. Setzen Sie vorsichtig die zweite Platte auf die Holzdübel und drücken Sie sie an, um die Bohrstellen zu markieren.

Bauanleitung

9. Setzen Sie die Spitze des Holzbohrers genau auf die Markierungen und bohren Sie. Halten Sie den Bohrer senkrecht zur anzubohrenden Fläche und bohren Sie nach und nach, um auch die kleinste Abweichung zu vermeiden, damit die Bohrlöcher exakt auf die der ersten Platte passen.

10. Nachdem Sie die Paletten ineinander gefügt haben, geben Sie Holzkleber in jedes Dübelloch, um die Tischplatte zu festigen.

11. Es ist einfacher, wenn Sie das Holz vor dem Zusammensetzen der beiden Paletten streichen. Tragen Sie eine erste Schicht Farbe auf und lassen Sie diese trocknen. Schleifen Sie vor dem Auftragen der zweiten Schicht mit feinem Schleifpapier leicht darüber.

12. Verwenden Sie 8 Bretter, mit einer Länge von mindestens 300 mm vom Palettenrest für die Füße. Kleben Sie je 2 zusammen, mit Schraubzwingen zusammenklemmen und trocknen lassen.

13. Zeichnen Sie die Füße mithilfe des Plans auf die in Schritt 12 erhalten Teile ein. Das sind insgesamt 4 kleine Teile (50 x 150 x 90 mm) und 4 große Teile (140 x 150 x 100 mm). Sägen, schleifen und anschließend die Füße streichen.

14. Setzen Sie jeden Fuß aus einem großen und einem kleinen Teil mit einer Metallecke zusammen. Achten Sie auf die Anordnung der Teile beim Zusammenbauen: Die großen Teile müssen an der Längsseite des Tisches angebracht werden, damit ihre Breite mit dem ersten Brett der Tischplatte korrespondiert.

15. Schrauben Sie die Füße an.

16. Zur Abrundung des Objekts können Sie den Tisch mit einer Glasplatte abdecken. Wir empfehlen, eine Glasplatte mit poliertem Rand und einer Stärke von mindestens 6 mm beim Fachhandel auf Maß zuschneiden zu lassen.

Kopfteil fürs Bett „Theater“

Lassen Sie sich zu einer ungewöhnlichen und ganz persönlichen Einrichtung Ihres Schlafzimmers von diesem originellen Entwurf inspirieren. Mit den Fächern und den integrierten Lampen ist dieses Kopfteil auch ein Beispiel für Funktionalität. Die Anleitung ist für ein 160 cm breites Bett, Sie können die Maße jedoch ganz leicht an die Größe Ihres Betts anpassen.

Dieses beeindruckende Kopfteil „Theater“ dekoriert ihr Schlafzimmer wie eine Theaterkulisse. Die Beleuchtung – zum Lesen hell genug – spielt eine wichtige Rolle bei der Inszenierung der Fächer und bei den Lichtakzenten im Zimmer. Wie bei der Beleuchtung im Theater kann der Fokus ganz unterschiedlich sein: Sichtbar machen, Stimmung schaffen, den Blick auf etwas Bestimmtes lenken ... 1.Akt, 1. Szene, die Fertigung!

DESIGN: LE FOURBI CRÉATIF DE MACHA

Kopfteil fürs Bett „Theater“

WERKZEUGKASTEN

Werkzeug

- Stichsäge
- Exzenterschleifer
- Akkuschrauber
- Hammer
- Pinsel: 1 kleine Rolle, 1 Flachpinsel und 1 Rundpinsel

Material

- 2 umkehrbare Kantholzpaletten, 1.200 x 1.000 mm
- 1 Palette mit 140 mm breiten Brettern
- selbstbohrende Holzschrauben
- Stauchkopfnägel, 25 mm
- 5 Montagebleche, 80 x 40 mm
- 2 Schrauben mit Flügelmuttern
- Für die Lampen: 2 Fassungen, 2 Kippschalter, 1 weißes Textilkabel, 4 m lang, 2 Stecker, 2 Glühbirnen
- Holzfarbe im gewünschten Farbton

Und das Beste: die kleinen Fächer im Kopfteil.
Die Beleuchtung sorgt für gedämpftes aber funktionelles Licht.

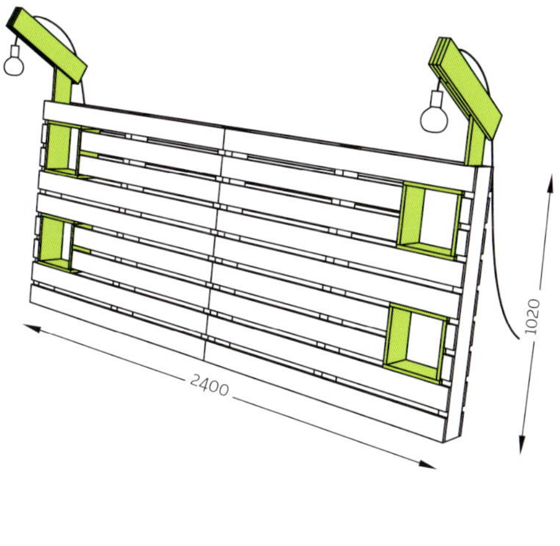

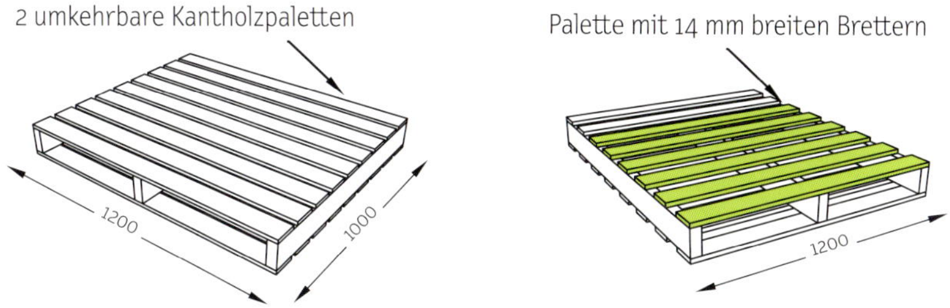

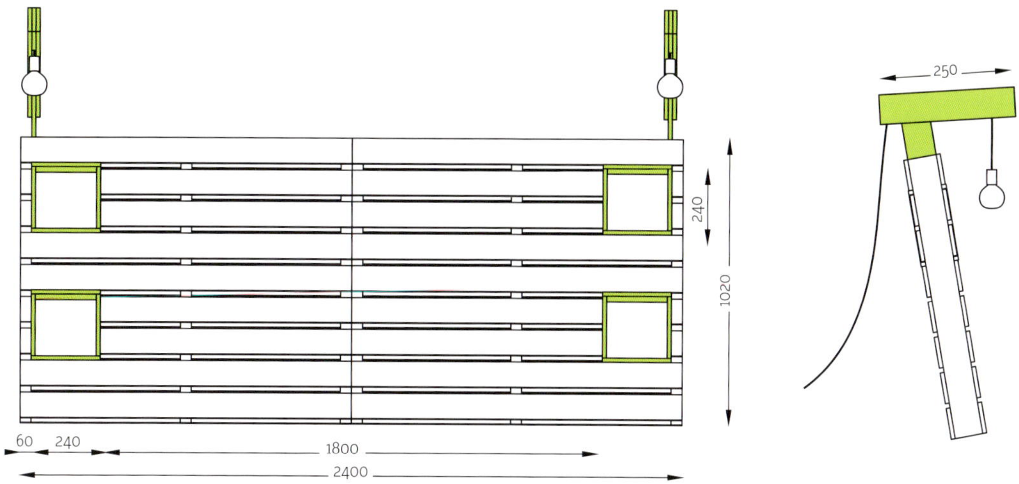

Alle Maße in den Zeichnungen sind in Millimetern angegeben.

Bauanleitung

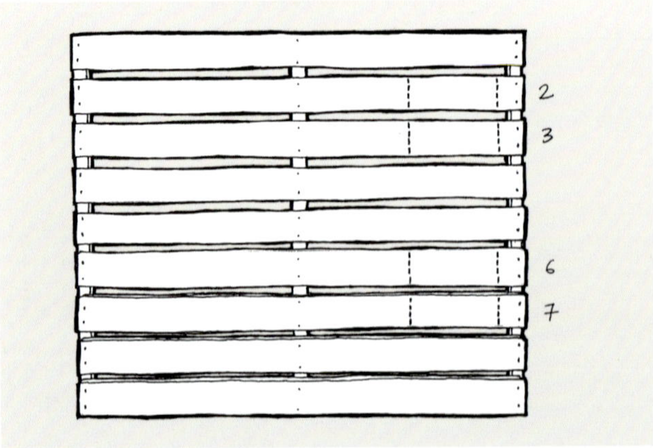

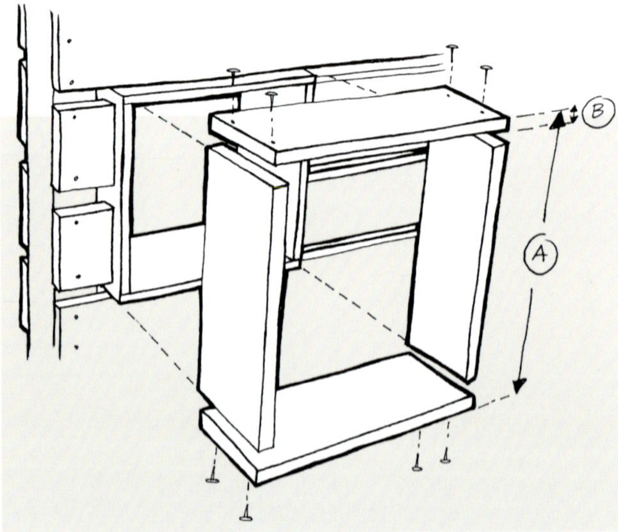

1. Sägen Sie für das Einsetzen der Fächer bei jeder Palette die Bretter Nr. 2, 3, 6 und 7 60 mm und 240 mm vom Rand durch. Schleifen Sie die Paletten ab. Da dieses Möbel für das Schlafzimmer gedacht ist, empfiehlt es sich, das Holz gut abzuschleifen, um eine glatte Oberfläche zu erhalten.

2. Verwenden Sie für die kleinen Fächer breitere Bretter als die Paletten tief sind, damit die Bretter überstehen. Sägen Sie 8 240 mm lange Teile, 8 weitere für die Senkrechten. Ihre Länge entspricht der Höhe der Öffnung minus 2 x Brettstärke (Höhe = A – (2xB). Fügen Sie die Fächer mit Stauchkopfnägeln zusammen. Nageln Sie sie auf die Palettenbretter.

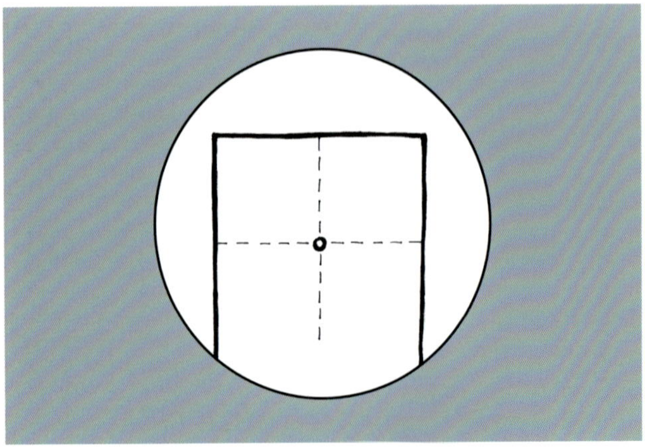

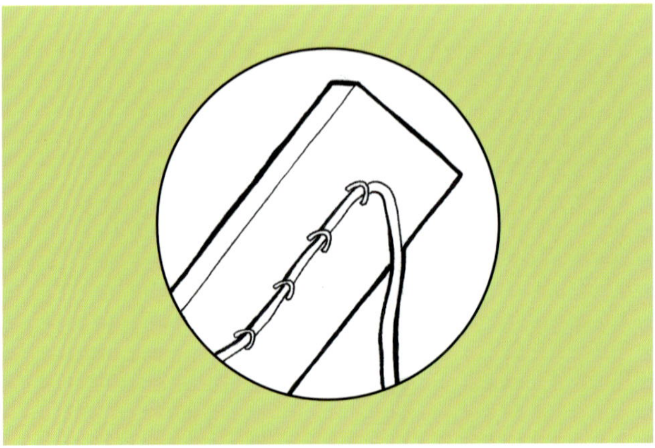

3. Sägen und schleifen Sie für die Lampen 6 250 mm lange Bretter. Bohren Sie in jedes Brett ein Loch, das zur Schraube mit Flügelmutter passt. Orientieren Sie die Bohrung an der Brettmitte mit gleichem Abstand zum Brettende.

4. Befestigen Sie auf einem der Bretter des abgewinkelten Arms der Lampe das Stromkabel mit Kabelschellen. Achten Sie darauf, die Länge des Kabels auf Ihr Bett abzustimmen, sodass die Glühbirne nicht zu hoch und nicht zu niedrig hängt.

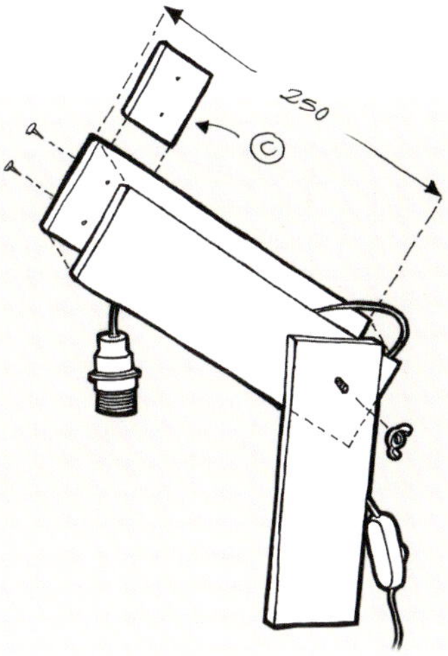

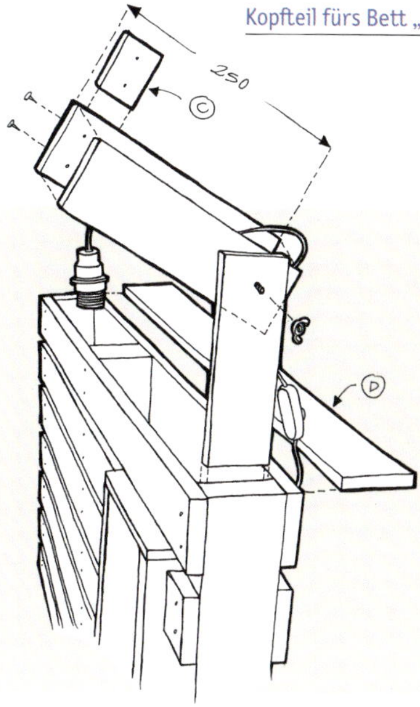

5. Befestigen Sie für beide Lampen die 3 Bretter mit Flügelmuttern. Befestigen Sie am Ende des abgewinkelten Arms mit Kleber und Nägeln ein 20 mm langes Stück Holz, ein Reststück aus der Palette (Teil C).

6. Schrauben Sie die Lampe auf das Kopfteil. Sägen und schleifen Sie die Bretter und nageln Sie diese auf die Oberseite, um die Paletten abzudecken (Teil D).

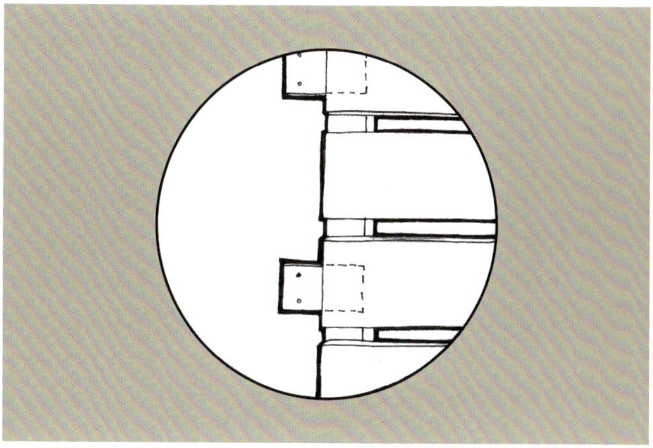

7. Verbinden Sie die beiden Paletten mit 5 80 x 40 mm großen Montageblechen.

8. Je nach gewählter Farbe geben Sie Ihrem Schlafzimmer eine andere Stimmung. Hier wurde ein herber Braunton für eine klassische, elegante Einrichtung gewählt.

Fabrice Peltier

Frankreich

Fabrice Peltier in 5 Jahreszahlen

1961: Geboren in Paris

1985: Gründung der Agentur/Label Design P'Référence

2003: Gründung des Institut National du Design Packaging

2007: Erscheinen des Buchs *Ecodesign, chemins vertueux* beim Verlag Éditions Pyramyd

2008: Eröffnung der DESIGNPACK GALLERY

2011: Eröffnung der Allée du Recyclage.

Als Verpackungsdesigner und Gründer der Agentur P'Référence, gilt Fabrice Peletiers Faszination dem Öko-Design. Ein Ansatz, dessen vorrangiges Ziel es ist, Objekte im Einklang mit der Umwelt zu konzipieren. „Auch eine leere Verpackung sollte nicht als Abfall angesehen werden, sondern als Rohstoff, den man weiterverwerten kann und daher schätzen sollte." Ein Prinzip, das er als Designer bei Austellungen verdeutlicht. Paletten und andere Gebrauchsgegenstände werden wiederverwertet. Eine originelle und spielerische Art, den passiven Konsum infrage zu stellen!
Anlässlich der Ausstellung *Made in Palette*, im November 2010 in der Designpack Gallery, ruft Fabrice Peltier den Besuchern das Schicksal einer ausgedienten Palette ins Bewusstsein. Was macht man mit einer Palette, die im Tauschkreislauf nicht mehr verwendet werden kann? Seine Antwort darauf ist eine Möbel- und Leuchtenkollektion, die vollständig auf der Grundlage von recycelten Paletten gearbeitet ist (alle Möbel wurden von *Ateliers Services* in Lisieux gefertigt).
Erst einmal zerlegt, werden die Klötze und Bretter einer alten Palette nach einem neuen System wieder zusammengesetzt: Die Klötze bilden das Gerüst eines Objekts und die Bretter werden direkt darauf genagelt.
Einige dieser Designs sind in der *Allée du Recyclage*, einer neuen Dauerausstellung in den Gängen der Pariser Metro an der Station Palais Royal-Musée du Louvre zu sehen. Eine einzigartige Ausstellungsfläche, um ein weltweites Panorama der Kunst zu zeigen, und ein Weg, wie man Verpackungsmüll in schöne, nützliche Gegenstände verwandeln kann.

Designpack Gallery

24, rue de Richelieu - 75001 Paris - Tél. : +33 01 44 85 86 00

gallery@p-reference.fr - www.p-reference.fr/www.designpackgallery.fr

2

3

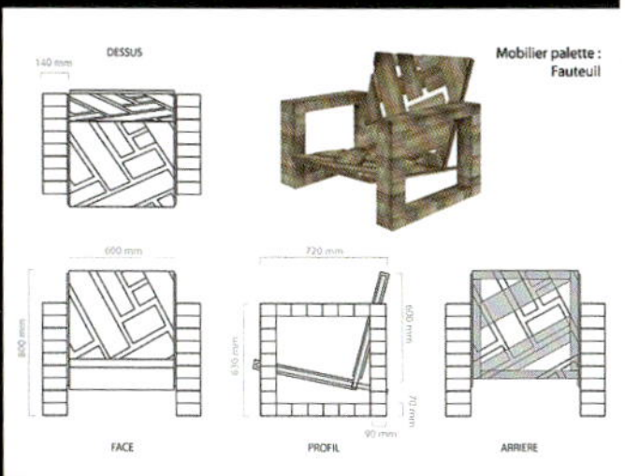

8

1

4

7

6

5

1. Sessel Vrac ▪ 2. Poster der Ausstellung Made in Palette ▪ 3. Verrottung ▪ 4. Lange Säule Neon 5. Stuhl Strichcode ▪ 6. Fertigung eines Vrac Sessels in den Ateliers Services ▪ 7. Streichen eines Vrac Sessels 8. Bauplan eines Vrac Sessels.

Chambres
Cuisine

Garderobenständer „Where is Brian?"*

Für lange Zeit war der Garderobenständer aus unseren Fluren und Eingangsbereichen verbannt. Dank der Vorstellungskraft der Designer, wird er mit neuen Materialien und in neuer Form wieder zum Modeobjekt. Der von Mr&Mlle® entwickelte Garderobenständer „Where is Brian?" wird zum Liebling der Diele avancieren und Jacken, Taschen und Mützen werden ihren Platz finden ...

Mr&Mlle haben ihren Jüngsten verloren, aber „Where is Brian?" Eine witzige Anspielung für all jene, die in jungen Jahren in Frankreich die englische Sprache erlernten: Brian, der Held der englischen Schulbücher. Folgen Sie dem Pfeil des Garderobenständers: Brian is in the kitchen**!

*Wo ist Brian? - **Brian ist in der Küche!

DESIGN: MR&MLLE®

Garderobenständer „Where is Brian?“

WERKZEUGKASTEN

Werkzeug

- Stichsäge
- Fuchsschwanz
- Gehrungslehre
- Metallsäge
- Beitel
- Akku-Bohrschrauber
- Exzenterschleifer
- Schraubzwingen
- Metallwinkel
- Pinsel: 1 kleine Schaumstoffrolle, 1 sehr feiner Rundpinsel

Material

- 1 Kantholzpalette, 1.150 x 950 mm (Größen der Bretter hier: L 1 150 x B 90 x Stärke 20 mm)
- Kanthölzer: L 950 x B 90 x Stärke 35 mm)
- Holzschrauben
- Holzschrauben mit Fräskopf
- Buchstabenschablonen
- Korrigierbarer Sprühkleber
- Cutter oder Skalpell, falls Sie die Schablonen selbst herstellen
- Farbe im Farbton Ihrer Wahl

Und das Beste: Die Garderobenhaken dienen auch als Wegweiser, in poppigen Farben.

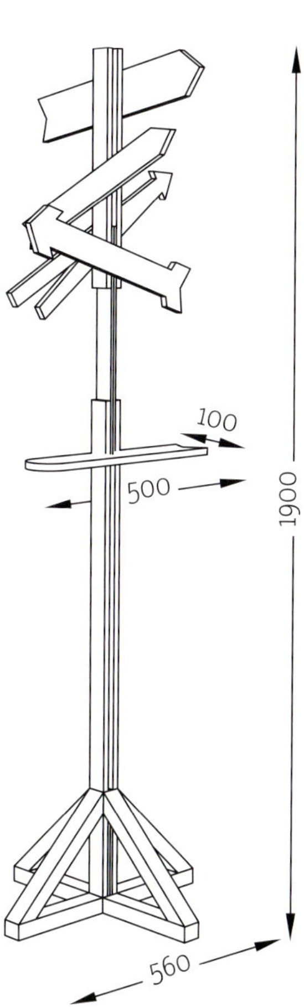

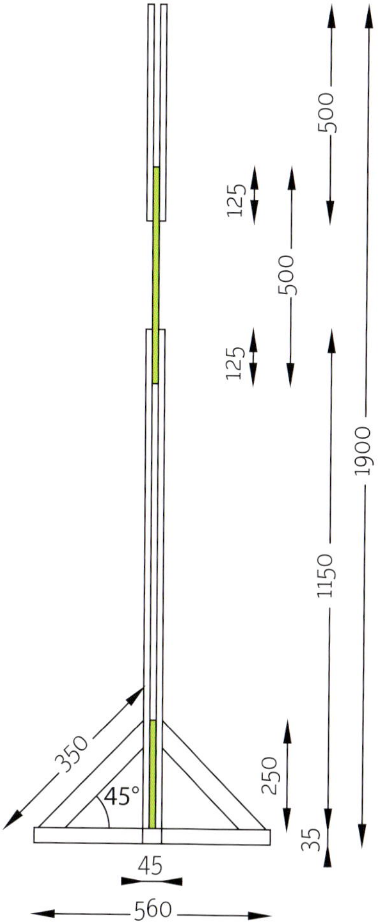

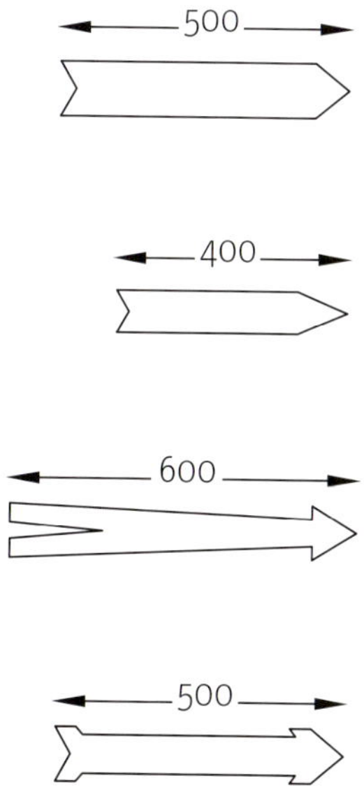

Alle Maße in den Zeichnungen sind in Millimetern angegeben.

Bauanleitung

1. Zerlegen Sie die Palette nach Methode 3, um 5 Bretter und 2 Kanthölzer zu erhalten (siehe Zerlegen einer Holzpalette, Seite 16).

2. Sägen Sie mit der Stichsäge für den Ständer 2 Bretter der Länge nach durch. So erhalten Sie 4 Bretter mit den Maßen L 1.150 x B 45 mm.

3. Bewahren Sie 2 Bretter mit jeweils 1.150 mm Länge auf. Sägen Sie die beiden anderen Bretter in folgende Längen: 2 Teile 500 mm lang aus dem ersten Brett, 1 Teil 500 mm und 1 Teil 250 mm lang aus dem zweiten Brett. Schleifen Sie alle Teile ab.

4. Beginnen Sie beim Zusammenschrauben mit dem 250 mm langen Teil, bringen Sie es bündig zwischen den beiden 1.150 mm langen Brettern an.

5. Bringen Sie auf der anderen Seite ein 500 mm langes Teil an, 125 mm davon zwischen den beiden Brettern. Richten Sie sich zum Zusammensetzen der einzelnen Teile nach dem Bauplan.

6. Schrauben Sie am Schluss die beiden letzten 500 mm langen Bretter an beide Seiten des 500 mm langen Bretts des vorhergehenden Schritts, wieder 125 mm überlappend. Achten Sie auf die Ausrichtung der Teile beim Zusammenbauen!

7. Schneiden Sie für den Sockel des Garderobenständers mit der Stichsäge die beiden Kanthölzer der Länge nach mittig durch. So erhalten Sie 4 Teile in der Größe von L 950 x B 45 mm. Sägen Sie diese erneut durch, um 4 Teile mit 350 mm Länge und 2 Teile mit 560 mm Länge zu erhalten.

8. Sägen Sie die Enden der vier 350 mm langen Teile im 45° Winkel mit einer Gehrungslehre und der Stichsäge ab. Schleifen Sie sie ab.

Bauanleitung

9. So bilden Sie das Sockelkreuz mit den halbierten Hölzern: Kennzeichnen Sie die Mitte der beiden 560 mm langen Teile und setzen Sie sie im rechten Winkel übereinander. Übertragen Sie die Breite des oberen Kantholzes auf das untere und umgekehrt.

10. Verlängern Sie die Markierungen mit einem Winkel um das Kantholz herum und verbinden Sie sie mittig mit einem Strich.

11. Sägen Sie die Kanthölzer mit der Stichsäge bis zum Mittelstrich ein.

12. Entfernen Sie das eingeschnittene Holzstück mit dem Stechbeitel.

13. Überprüfen Sie, ob die Teile ineinander passen und schrauben Sie diese dann zusammen.

14. Schrauben Sie das Kreuz an den Ständer.

15. Fräsen Sie die Enden der vier 350 mm langen Teile ein, damit die Schrauben vollständig im Holz versenkt werden können.

16. Schrauben Sie die 4 Teile auf das Kreuz und den Ständer.

Bauanleitung

17. Schneiden Sie ein 500 mm langes Teil aus einem der übrigen Bretter als in den Ständer eingebaute Ablagefläche. Geben Sie ihm die gewünschte Form.

18. Nachdem Sie die Mitte des Bretts eingezeichnet haben, übertragen Sie die Maße des unteren Teils des Ständers auf die Mitte des Letzteren, um Kerben einzuzeichnen, d. h. drei Mal die Breite der Bretter des Ständers. Sägen Sie die Vertiefungen aus und schleifen Sie das Brett.

19. Schieben die das Brett in den unteren Teil des Ständers, mit einer Wasserwaage können Sie prüfen, ob es horizontal ist.

20. Zeichnen Sie auf die übrigen Bretter Pfeile und sägen Sie diese aus. Sie werden als Kleiderhaken verwendet.

21. Schrauben Sie die Pfeile auf den Ständer und richten Sie die Pfeile unterschiedlich aus.

22. Bereiten Sie die Schablonen auf dem Computer vor. Wählen Sie Form und Größe der Schrift für den gewünschten Text (Zimmer des Hauses, Wegweiser, Entfernung von einem Land zum andern in Kilometern). Drucken Sie sie auf ein Papier mit mindestens 100 g. Schneiden Sie die Buchstaben sorgfältig mit Cutter oder Skalpell aus.

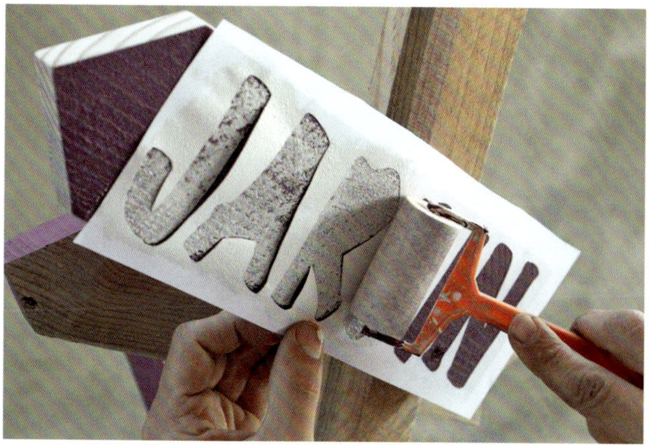

23. Damit die Schablonen gelingen, geben Sie auf ihre Rückseite wiederablösbaren Kleber und lassen Sie ihn trocknen bis er anzieht. Setzen Sie die Schablone auf das Holz und tragen Sie die Farbe mit einer kleinen Schaumstoffrolle vorsichtig auf.

24. Für das Streichen und die Beschriftung der Haken wechseln Sie zwischen Hintergrundfarbe und Buchstabenfarbe ab, achten Sie darauf, den natürlichen Look des Holzes zu bewahren. Sie können auch fertige Schablonen im Handel erwerben.

Gartentisch „Miss Table“

Der Esstisch „Miss Table“ wurde für den Außenbereich entworfen. Er ist zusammenklappbar und leicht zu verstauen. Das Zusammenstecken der Beine mit der Tischplatte ist so einfach wie bei Lego®-Steinen und ermöglicht den schnellen Auf- und Abbau. Bei diesem Design trifft Zweckmäßigkeit auf Eleganz!

Miss Table ist ein Wortspiel, das auf Miss Marple, die berühmte Ermittlerin der englischen Krimiautorin Agatha Christie anspielt, die ihre Fälle an einem Tisch bei einer ‚Cup of tea‘ löst.

DESIGN: PHILIPPE DANEY

Gartentisch „Miss Table“

WERKZEUGKASTEN

Werkzeug

- Fuchsschwanz
- Exzenterschleifer
- Akkuschrauber
- Schraubzwingen
- Pinsel: 1 kleine Schaumstoffrolle, 1 feiner Rundpinsel

Material

- 1 Europalette, 1.200 x 800 mm (oder 1 schwere Palette mit 9 Klötzen)
- 1 Palette 1.200 x 800 mm möglichst mit unterschiedlichen Brettstärken- und breiten
- selbstbohrende Holzschrauben
- Farbe für die Holzaußenseiten im Farbton ihrer Wahl

Und das Beste: Leichter Auf-und Abbau, da die Beine unter die Tischplatte geklemmt werden. Das Design ist praktisch und elegant zugleich.

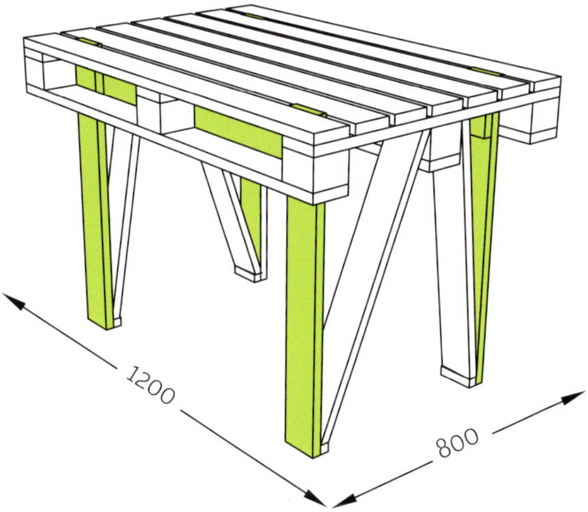

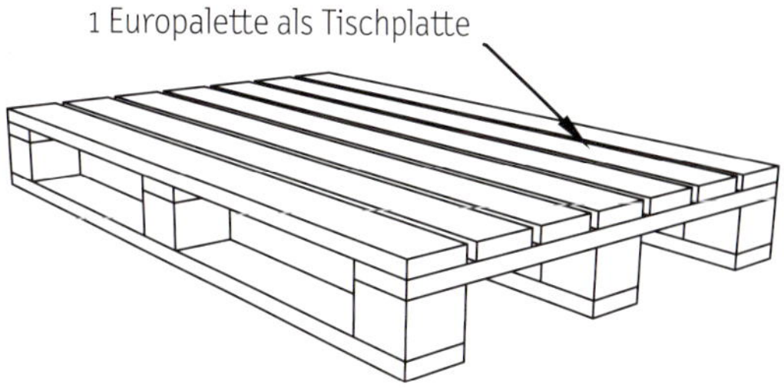

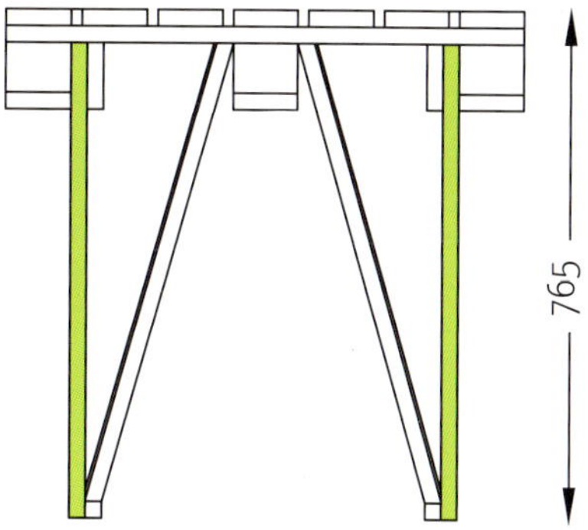

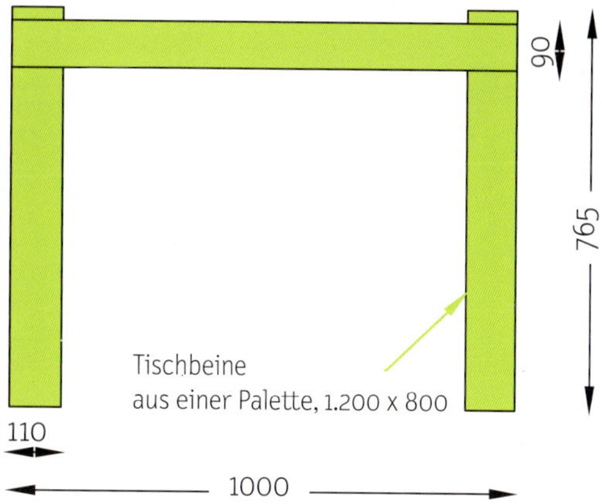

Alle Maße in den Zeichnungen sind in Millimetern angegeben.

Bauanleitung

1. Zerlegen Sie die 1.200 x 800 mm große Palette nach Methode 1 (siehe Zerlegen einer Holzpalette, Seite 16). Verwenden Sie 10 Bretter als Tischgestell: 6 für die U-förmigen Teile und 4 für die Verstrebungen.

2. Legen Sie die Klotzpalette für die Tischplatte verkehrt herum auf den Boden. Um die Länge der Tischbeine zu bestimmen, schieben Sie eines der übrigen Bretter in den Zwischenraum der beiden ersten Deckbretter der Tischplatte.

3. Eine Markierung bei 750 mm einzeichnen und absägen. Nun haben Sie das Muster für die anderen drei Tischbeine.

4. Um die Länge des Querbretts zu bestimmen, legen Sie es an die Innenkante eines Klotzes an. Markieren Sie das Brett an der Innenkante des anderen Außenklotzes und sägen Sie.

5. Setzen Sie die Tischbeine und das Querbrett auf die Unterseite der Tischplatte und klemmen Sie sie mit Schraubzwingen zusammen.

6. Schrauben Sie das Querbrett an die Beine. *Wichtig: Die gesägte Seite der Bretter für die Beine sollte auf dem Boden stehen, wenn der Tisch umgedreht wird.*

7. Wiederholen Sie den Vorgang für das zweite U. Die U-förmigen Teile werden aus den 6 dicksten Brettern (B 110 mm und Stärke 25 mm) gefertigt.

8. Die restlichen 4 Bretter dienen als Verstrebung, um die Tischbeine zu stabilisieren und dem Tisch Standfestigkeit zu verleihen. Um ihre Länge zu bestimmen, klemmen Sie das Brett zwischen den Klotz der Platte und das Bein, dann zeichnen Sie eine Linie auf das Ende des Bretts.

Bauanleitung

9. Markieren Sie das obere Ende des Bretts. Sägen Sie beide Enden ab. Wiederholen Sie den Vorgang mit den anderen 3 Stützbrettern. **Tipp:** Kennzeichnen Sie die zusammengehörenden Teile mit dem selben Buchstaben, das erleichtert das Zusammenbauen.

10. Ein Anschlag ist notwendig, um die Verstrebung am Tischbein einzuklemmen. Um die Höhe des Anschlags zu bestimmen, setzen Sie die Verstrebung gegen das Bein und drücken Sie dagegen, um die Stelle unter Spannung zu markieren.

11. Setzen Sie einen Bretterrest an der gezeichneten Linie an, um die Größe des Anschlags zu ermitteln. Zeichnen Sie Ihre Sägemarkierung ein und sägen Sie. Arbeiten Sie die anderen 3 Verstrebungen ebenso.

12. Schrauben Sie die Anschläge an die Beinenden.

13. Setzen Sie die Verstrebungen ein. Die verwendete Palette ermöglicht zwei verschiedene Brettstärken und -breiten, die Verstrebungen sind dünner (15 mm Stärke und 75 mm Breite), was das Design der Tischbeine leichter macht. Es ist auch möglich die gleichen Bretter wie für die U-förmigen Teile zu verwenden.

14. Schleifen Sie den Tisch mit grobem Schleifpapier ab, damit Sie sich keine Holzsplitter ziehen, glätten Sie die Oberfläche jedoch nicht vollständig, damit der rustikale Touch eines Gartenmöbels erhalten bleibt.

15. Wählen Sie eine Holzfarbe für den Außenbereich, damit Ihr Möbel vor Wettereinflüssen geschützt ist. Tragen Sie die Farbe mit einer kleinen Rolle auf die Bretter der Tischplatte auf und mit einem feinen Rundpinsel auf die Tischbeine.

Philippe Daney
Architekt-Designer

Philippe Daney in 6 Jahreszahlen

1956: Geboren in Neuilly-sur-Seine.

1986: Organisation der Kunstpräsentation *La Nuit de l'Ange*

1995: Erstes Zusammentreffen mit Michel Roset

1997: Nationaltheater in Rennes - *Le Voyage d'Urien* nach einem Text von André Gide

2002: Gründung der Firma Daney Factory im Zentrum von Rennes

2008: Ausstellung im Museum für Moderne Kunst Richard Anacréon in Granville, Silberner Orden für Künste und Literatur des französischen Kultusministeriums.

Philippe Daney, eigentlich ausgebildeter Architekt DPLG, wird immer mehr zum Designer, Regisseur, Herausgeber, Künstler ... Während er für große Marken wie Cinna oder Ligne Roset Möbel entwirft, arbeitet er an der Lichtgestaltung im privaten und öffentlichen Raum und gibt sein Wissen in einer Schule für angewandte Kunst weiter. „Ich unterrichte seit 23 Jahren, die Weitergabe meiner Kenntnisse ist ein wesentlicher Bestandteil von mir. Das ist auch die eigentliche Qualität dieses Buches: Gestalten, um zu teilen und zu sagen: Das kannst du auch!"

Wie kamst du dazu, Möbel aus Holzpaletten zu entwerfen?

Bei der Arbeit mit der Palette ist zum einen das Material, also das Holz, interessant, zum anderen die Idee, für die die Palette steht: das Verhältnis von voll und leer. Es war mein Wunsch Möbel zu gestalten und dabei den Zyklus der Palette zu respektieren.

Was inspiriert dich zu deinen Entwürfen?

Für die Lampen waren Palettenreste oder beschädigte Paletten der Auslöser. Mir gefällt die Idee, etwas aus Abfällen zu gestalten, das macht die Wiederverwertung ehrlicher, so wird das Konzept bis zum Ende beibehalten. Wir verwenden die Palette, da sie beschädigt ist, bereits entsorgt und so von niemandem recycelt werden wird ... Ich mag die Verwirrung, bei der Lampe „Schattenseiten Nr. 2". Eine Lampe, gleichzeitig an der Wand und am Boden, was für ein Licht wirft sie? Eine Lampe, die sowohl durch Material wie durch das Spiel mit Licht und Schatten besticht.

Welches sind die Vor- und Nachteile der Palette?

Die Palette ist sehr ästhetisch. Eine technische Ästhetik durch das unbearbeitete Holz und die Form, außerdem gibt sie strenge Linien vor. Sie ist zeitlos und selbst wenn einige Bretter beschädigt sind, können diese leicht wieder repariert werden. Die Palette muss jedoch gut durchgetrocknet sein. Ist sie das nicht, kann das Holz durch den Temperaturunterschied zwischen draußen und drinnen reißen.

Was rätst du all denen, die Möbel oder Objekte aus Paletten gestalten möchten?

Dieses Rohmaterial erlaubt spontane Entscheidungen umzusetzen und wenn es nichts geworden ist, kann man von vorne anfangen. Das ist Recycling. Man ist frei in der Gestaltung und kann sich sogar an Farbe wagen!

Daney Factory

13, rue de Bray - 35777 Cesson-Sévigné - Tel.: +33 02 99 14 36 99

collectif@agence-daney.com - www.philippedaney.com

Von links nach rechts:
Lampe „Vierbeiner“ (S. 26) ▪ Gartentisch „Miss Table“ (S. 76) ▪ Wandleuchten „Ganz gelassen“ (S. 116) ▪ Stehlampe „Handgepäck“ (S. 142) Stehlampe „Schattenseiten Nr. 2“ (S. 174)

Schreibtisch „Michel“

Vorrangiges Ziel der Designer dieses Möbels, war die Identität der Palette zu wahren. Wie entwickelt man einen Schreibtisch mit transparenter Linienführung und der Charakteristik einer Holzpalette? Der einfach nachzubauende Schreibtisch „Michel“ ist darauf die Antwort.
Hier wurde die Palette in Verbindung mit anderen Materialien in ein zeitgenössisches Möbelstück verwandelt. Mr&Mlle freuen sich, den Jüngsten der Familie vorzustellen: „Michel“. Mit diesem Namen wird augenzwinkernd auf die Praxis der Namensgebung der großen Möbelhersteller angespielt.

DESIGN: MR&MLLE®

Schreibtisch „Michel"

WERKZEUGKASTEN

Werkzeug
- Fuchsschwanz
- Metallsäge
- Akku-Bohrschrauber
- Exzenterschleifer und Schleifklotz
- Pinsel: 1 großer Flachpinsel und 1 kleiner Rundpinsel

Material
- 2 umkehrbare Kantholzpaletten, 1.200 x 1.000 mm (8 Bretter auf jeder Seite)
- 2 Palettenbretter 1.200 mm lang (Breite und Stärke, wie vorhanden)
- 1 lackiertes Stahlrohr (L 2 m/Ø 16 mm)
- 2 verzinkte Metallscharniere (500 x 300 mm)
- 6 rechteckige Montagewinkel aus Stahl (30 x 30 mm)
- Farbe im Farbton Ihrer Wahl
- Glasplatte (Rauchglas, 800 x 480 mm)

Und das Beste: Ein verstecktes Fach für Alles, was man nicht sehen soll.
Zusätzliche Ablagefläche unter der Schreibtischplatte.

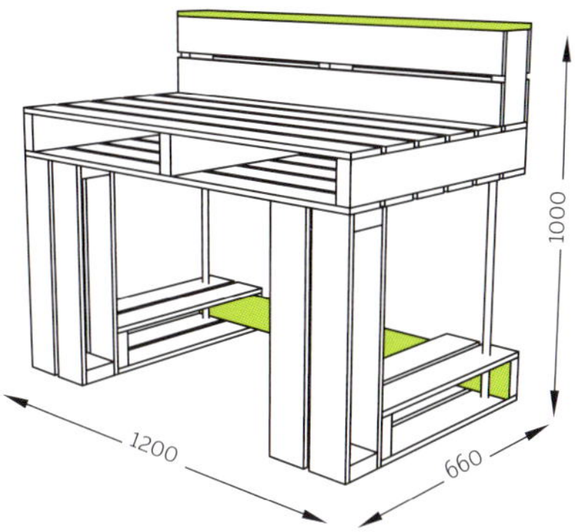

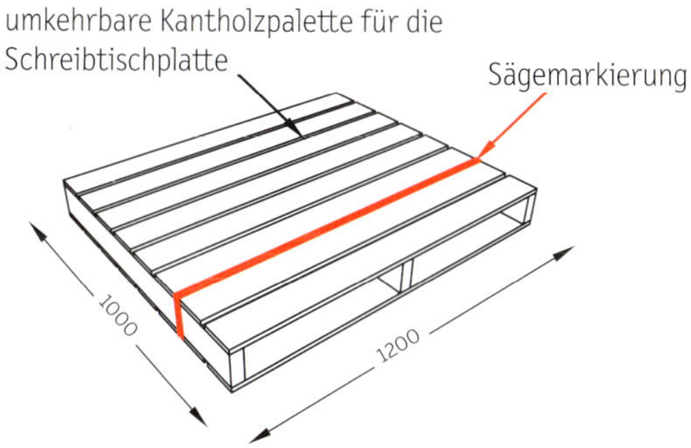

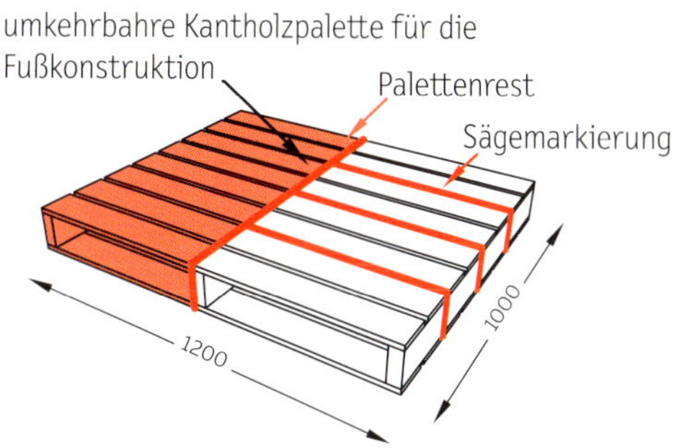

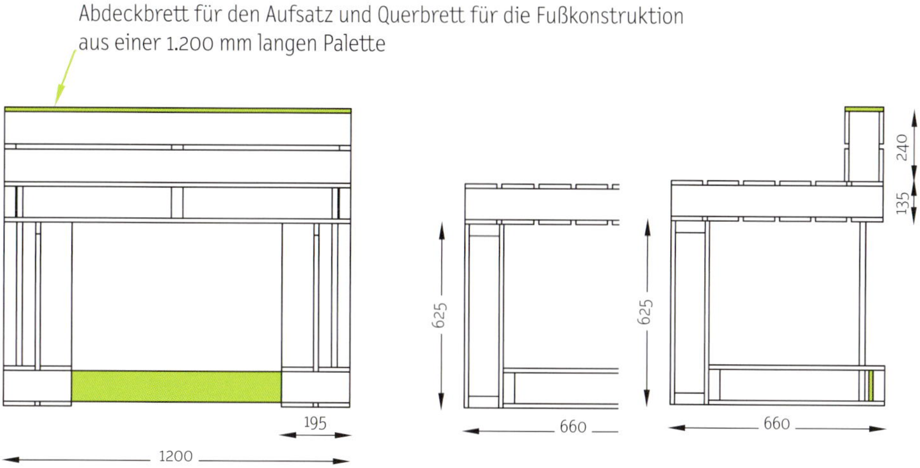

Alle Maße in den Zeichnungen sind in Millimetern angegeben.

Bauanleitung

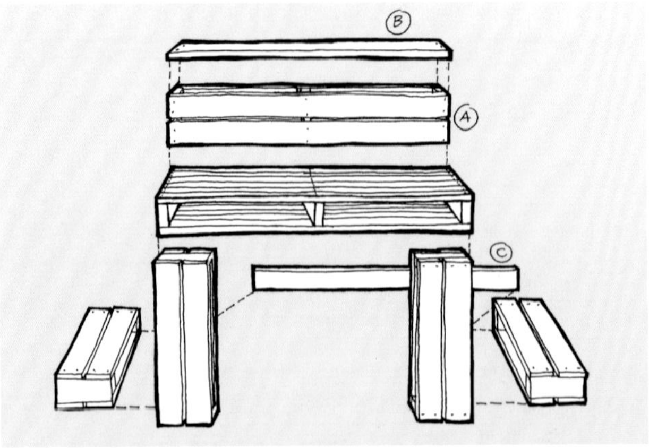

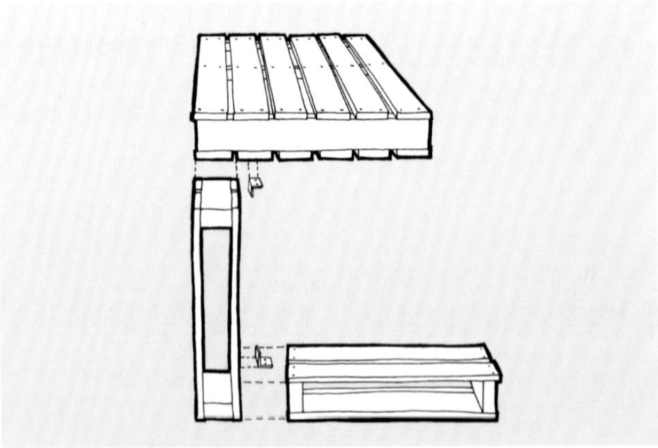

1. Sägen Sie alle Teile des Schreibtischs nach Plan aus. Verwenden Sie aus einer Palette die 4 Teile für die Fußkonstruktion (L 625 x B 195 mm), die Tischplatte und den Aufbau aus der zweiten. Schleifen Sie die Innenseiten der Palette grob mit dem Schleifklotz, die Außenseiten gründlich, damit Sie eine glatte Oberfläche erhalten.

2. Legen Sie ein Fußteil auf den Boden, ein zweites vertikal davor, um das L des Tischbeins zu formen. Fügen Sie sie mit Montagewinkeln zusammen und dann an die Tischplatte.

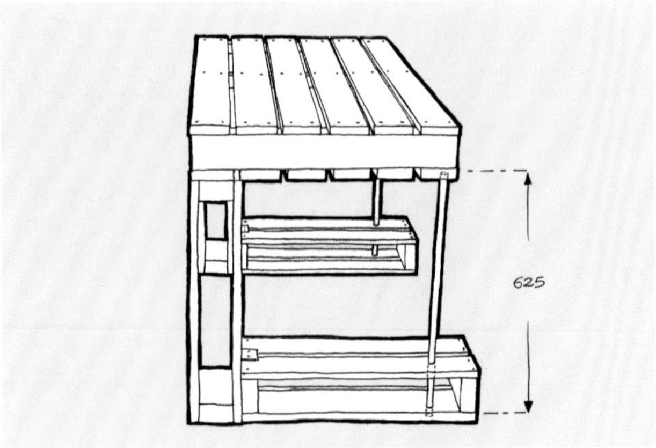

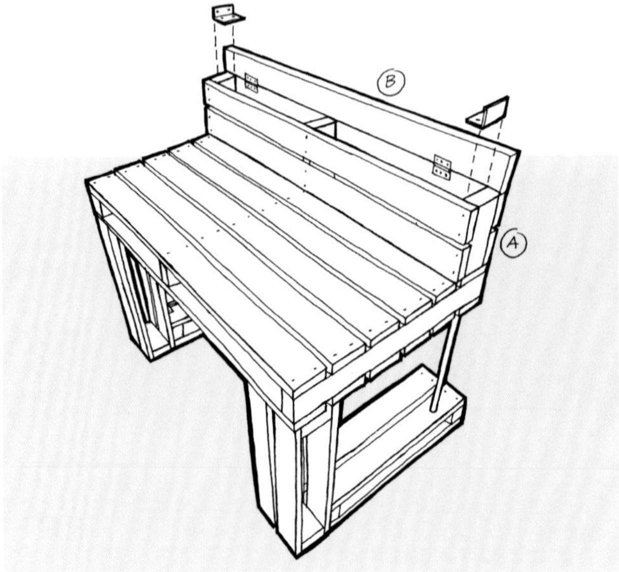

3. Sägen Sie das Stahlrohr in zwei 625 mm lange Teile (Tischhöhe). Markieren Sie die Stelle für das Rohr, bohren Sie mit einem 16 mm großen Holzbohrer durch das erste Brett des Fußes und in die Hälfte des zweiten. Bohren Sie ebenso in die Hälfte des unteren Bretts der Tischplatte. Schieben Sie die Rohre hinein.

4. Befestigen Sie das hintere Teil (Teil A) mit Montagewinkeln an der Platte. Schließen Sie den rückwärtigen Aufbau mit einem Brett (Teil B) mit 2 Scharnieren.

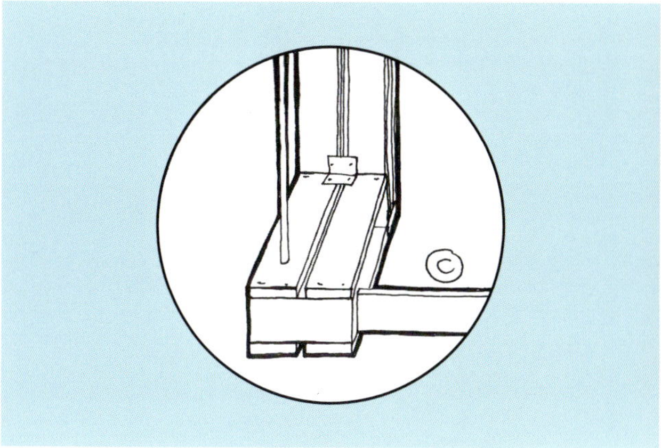

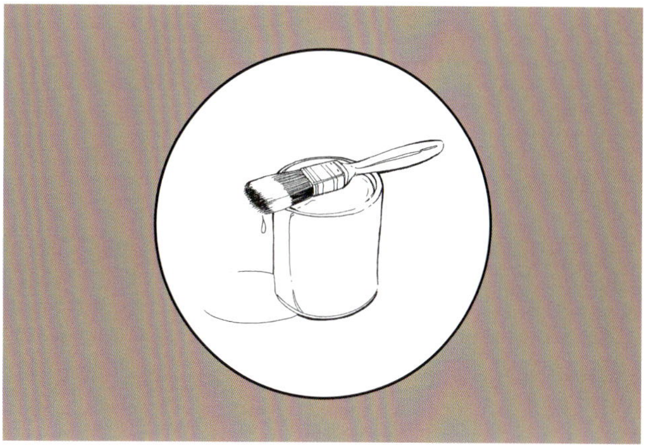

5. Für das Querbrett (Teil C), schrauben Sie ein Brett zwischen die beiden Beine.

6. Streichen Sie nur ein paar Bretter des Schreibtischs, um seine Form zu betonen. Die Verbindung von Schwarz mit Naturholz gibt dem Möbel gleichzeitig einen klassischen und einen zeitgenössichen Aspekt.

7. In vielen antiken Möbeln kann man Geheimfächer finden. Auch wenn das Fach im Schreibtisch „Michel“ nicht so geheim ist, bietet es doch Platz für Alles, was nicht auf dem Schreibtisch liegen soll.

8. Der Raum zwischen der Tischplatte und dem Palettenboden bietet zusätzlichen Stauraum, der Ihnen hilft den Schreibtisch ordentlich zu halten.

Eckregal „Phare Breton“

Auf den ersten Blick ist kaum zu erkennen, dass dieses Regal aus Paletten gearbeitet wurde. Nur aus der Nähe sieht man das eine oder andere Indiz für das Ausgangsmaterial. Das Regal „Phare Breton“ zeigt wie anpassungsfähig und kreativ die Palette sein kann. Der Designerin ermöglicht sie, sich schwierigen Aufgaben zu stellen, ohne befürchten zu müssen, einen Fehler zu machen und kostbares Holz zerstört zu haben. Spielen auch Sie mit den Formen!

„Phare Breton“ steht mit seiner unverkennbaren Form metaphorisch für die Weite des Ozeans. Die Designerin liebt das Meer, vor allem die rosa Granitküste der Bretagne. „Phare Breton“ kann nur der Name für ein Möbel sein, das in der Nähe des Wassers seinen Platz findet

DESIGN: BÉA

Eckregal „Phare Breton“

WERKZEUGKASTEN

Werkzeug

- Hammer
- Metallsäge
- Stichsäge
- Bohrschrauber
- Exzenterschleifer
- Pinsel: 2 Flachpinsel und 1 kleiner Rundpinsel

Material

- 1 umkehrbare Kantholzpalette, 900 mm breit (7 Bretter auf jeder Seite) oder 2 einfache oder Doppeldeckpaletten, 900 mm breit (7 Bretter oben)
- selbstbohrende Holzschrauben
- Holzdübel
- Holzkleber
- 4 verzinkte Montagebleche (L 80 x B 10 mm)
- 2 Leisten, 20 x 20 mm
- Matter, farbloser Lack auf Wasserbasis, feuchtraumgeeignet
- Farbe im Farbton Ihrer Wahl

Und das Beste: ein Qualitätsmöbel für das Badezimmer. Die großen Fachböden bieten viel leicht zugänglichen Platz.

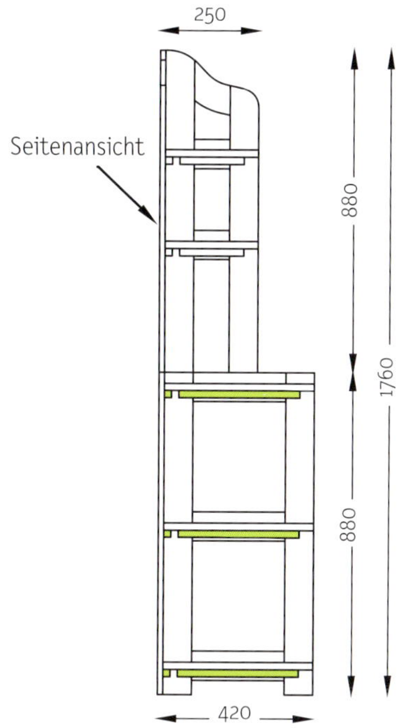

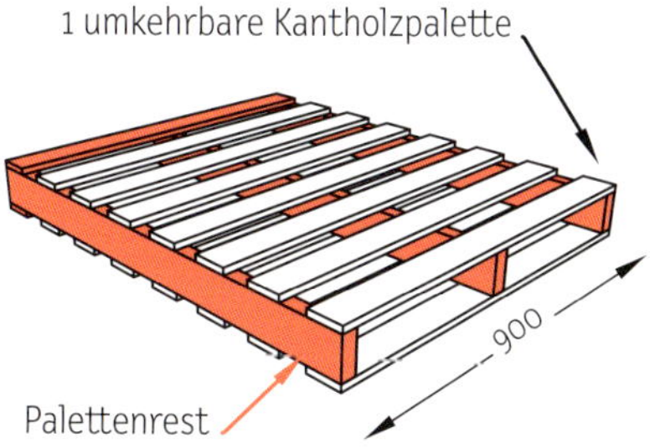

oder

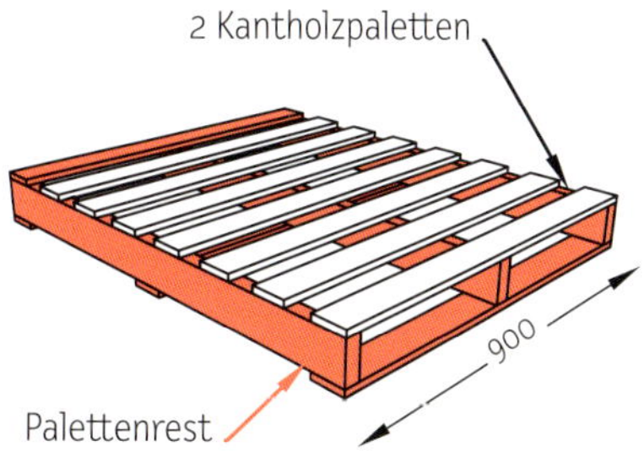

Alle Maße in den Zeichnungen sind in Millimetern angegeben.

Bauanleitung

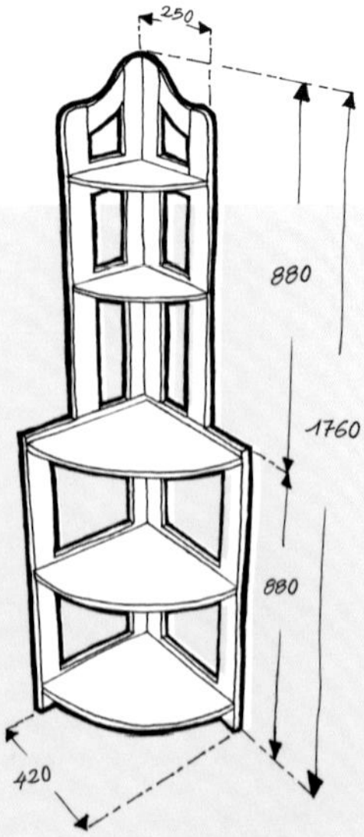

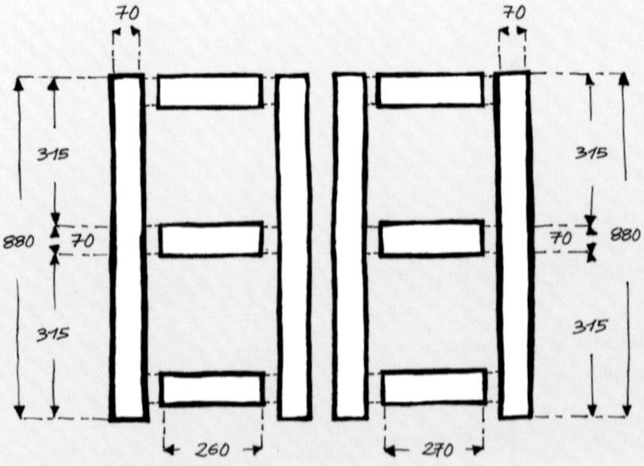

1. Zerlegen Sie die Palette nach Methode 3, um 14 Bretter (siehe Zerlegen einer Holzpalette, Seite 16) zu erhalten. Größen der verwendeten Bretter hier: L 900 x B 70 x Stärke 15 mm. Schleifen Sie alle Bretter zunächst mit grobkörnigem, dann mit feinem Schleifpapier.

2. Sägen Sie die Bretter nach Plan für die Seitenteile des unteren Teils.
Wichtig: Bei einem Seitenteil sind die Querverstrebungen 260 mm lang beim anderen 275 mm. Die Seitenteile liegen beim Zusammenschrauben auf Stoß, daher fügen wir die Stärke eines Bretts hinzu, um identische Innenmaße zu erhalten.

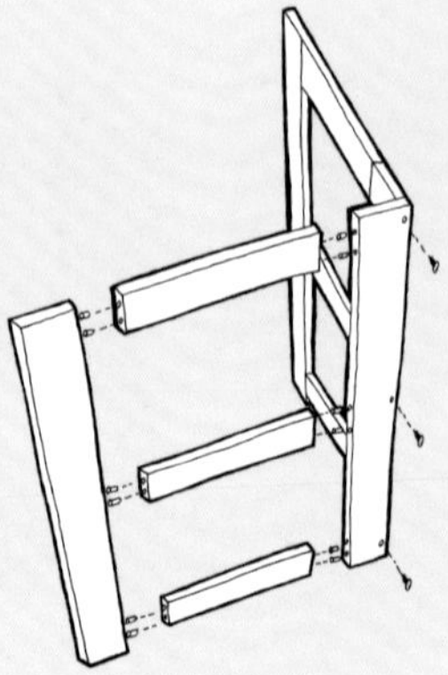

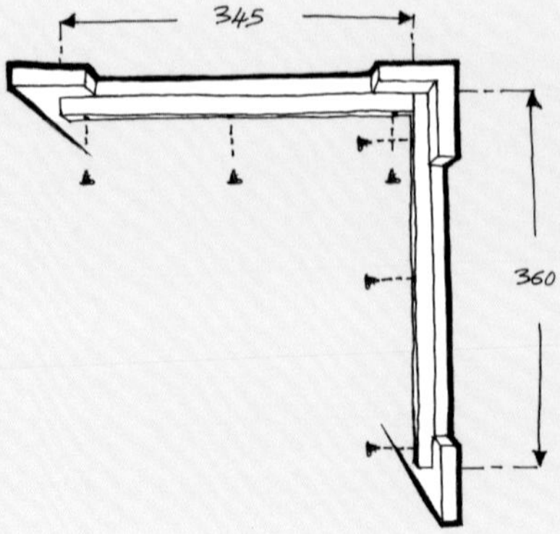

3. Setzen Sie die Seitenteile mit Holzkleber und Holzdübeln zusammen (siehe Montage des Couchtischs „Invader", S. 50). Schrauben Sie die Seitenteile zusammen.

4. Schrauben Sie die Auflageleisten für die Fachböden an die Seitenteile. Entnehmen Sie die entsprechenden Größen aus dem Plan.

5. Ein erstes Ergebnis: Der untere Teil ist fertig, bereit für die Fachböden.

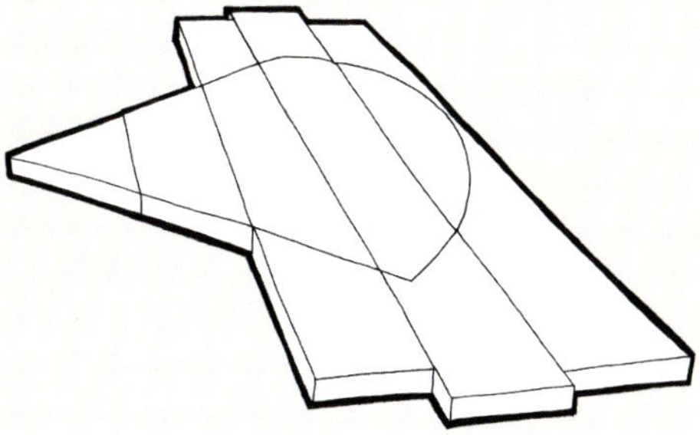

6. Fertigen Sie aus Karton eine Schablone in Form eines viertel Kreises mit einem Umfang von 395 mm. Legen Sie 5 Bretter nebeneinander und übertragen Sie mit der Schablone die Form auf das Holz. Sägen Sie genau und legen Sie die Teile probeweise auf die Leisten.

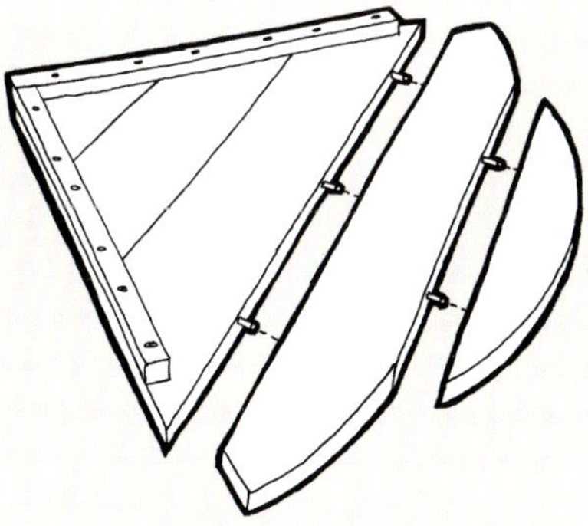

7. Verwenden Sie die Auflageleisten zum einfacheren Zusammensetzen der Fachböden. Kleben und verschrauben Sie die Leisten auf den Brettern. Fügen Sie mit Kleber und Holzdübeln die letzten beiden Bretter an, die nicht auf die Leisten geschraubt werden können.

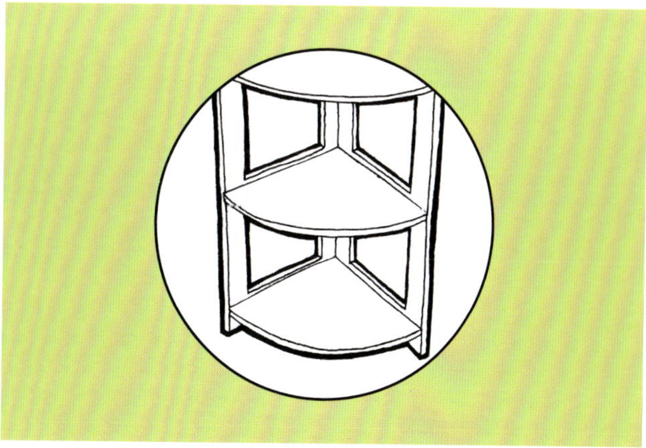

8. Schrauben Sie die Leisten mit den darauf befestigten Fachböden an ihren ursprünglichen Platz.

Bauanleitung

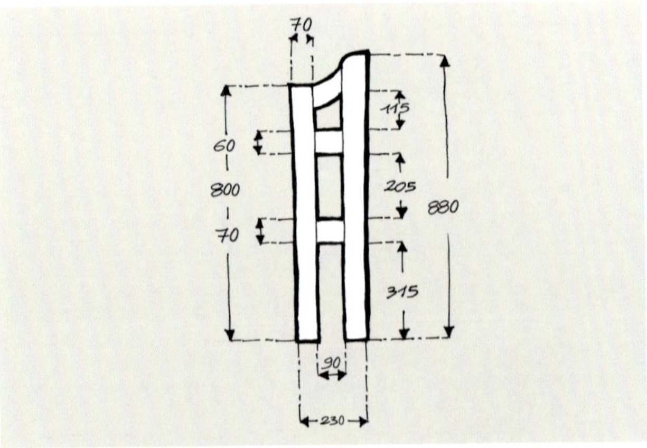

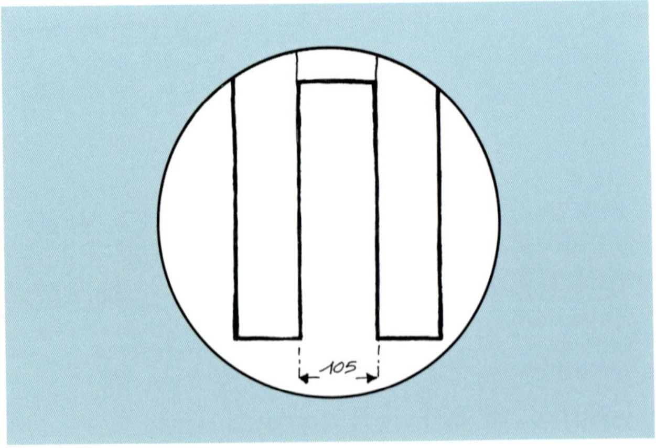

9. Sägen Sie die Bretter entsprechend den im Plan angegebenen Maßen für die oberen Seitenteile aus.

10. Achten Sie auf die Maße: Die Querverstrebungen der unteren Seitenteile sind nicht identisch mit den oberen: 90 mm auf der einen Seite, 105 mm auf der anderen.

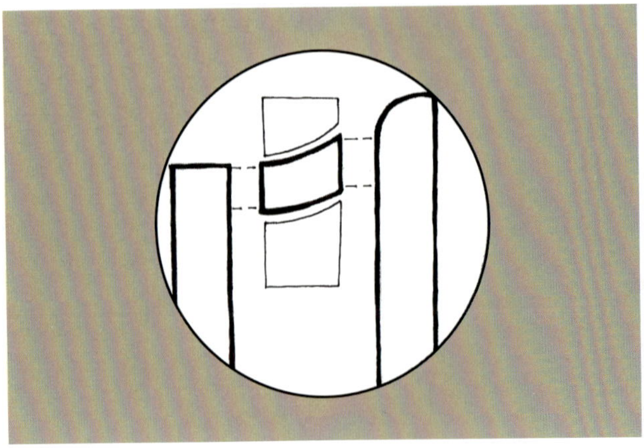

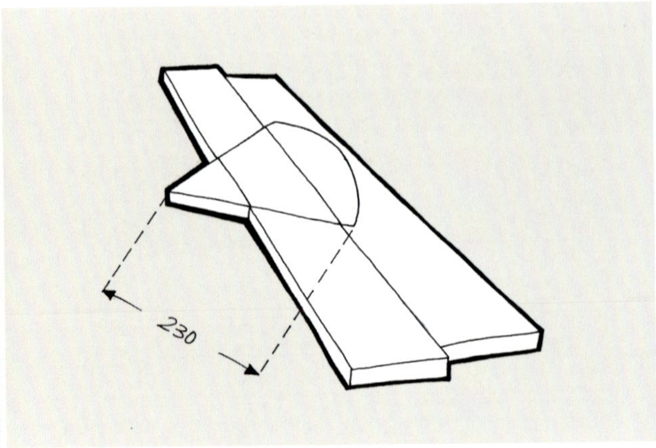

11. Um die Schablone des oberen Querbretts zu fertigen, legen Sie die beiden Holme des Seitenteils auf ein Blatt Papier, dann legen Sie das Brett, das gesägt werden soll, dazwischen. Übertragen Sie den Umriss der Holme und zeichnen Sie die Rundung ein. Übertragen Sie die Vorlage auf das Brett und sägen Sie es aus. Befolgen Sie Schritt 4 zum Zusammenbauen.

12. Fertigen Sie für die Fachböden eine Schablone, deren Kreisviertel einen Umfang von 230 mm hat. Wie bei dem unteren Teil, übertragen Sie den Umfang auf ihre Bretter und sägen diese aus.

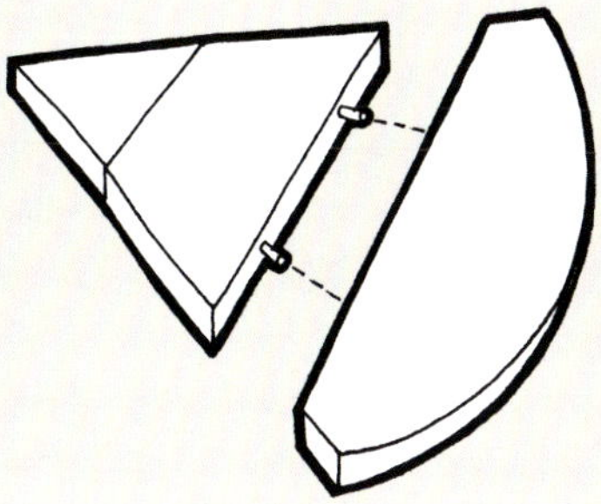

13. Die Fachböden werden nicht an den Leisten befestigt, sondern nur mit Kleber und Holzdübeln zusammengesteckt.

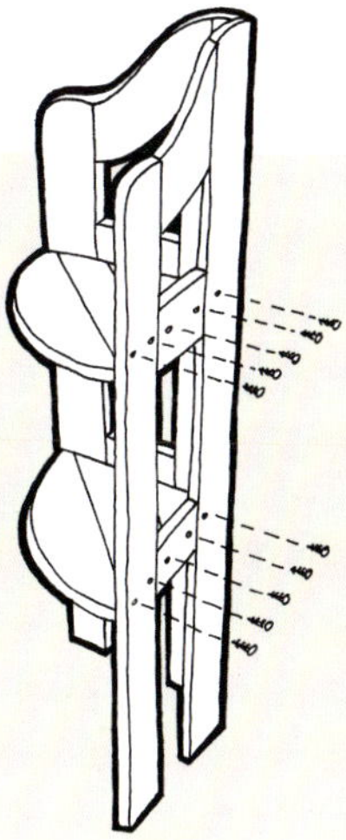

14. Schrauben Sie die Fachböden an die Seitenteile.

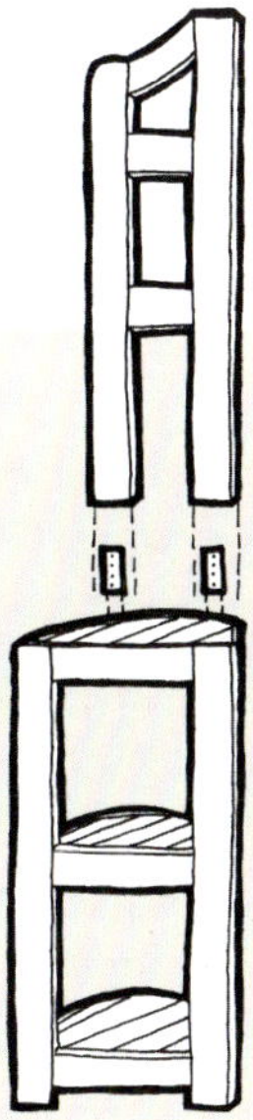

15. Verbinden Sie das Ober- und Unterteil mit zwei Montageblechen auf beiden Seiten des Möbels.

16. Im Badezimmer musst das Regal vor Wasser und Feuchtigkeit geschützt werden. Verwenden Sie feuchtraumgeeignete Produkte.

DENIS
PODALYDÈS
EDOUARD
BAER

Polsterer „Pouf"

Das Wort ‚Pouf' kommt eigentlich aus dem Arabischen und bedeutet ‚Kissen'. Das allgegenwärtige Möbel der orientalischen Inneneinrichtung, kommt im 19. Jahrhundert nach Europa und wird zum neu entdeckten Sitzmöbel ohne Arm- und Rückenlehne. Zunächst für die Dame gedacht, um das Hinsetzen mit den auslandenden Reifröcken zu erleichtern, wurde der Pouf immer beliebter und ist heute überall zu Hause. Mobil und praktisch bietet er eine zusätzliche Sitzgelegenheit oder dient zur Fußablage. In seiner ‚Palettenversion' spielt er auch beim Recycling eine wichtige Rolle. Der Polsterer, ein Beruf, dem die Designerin Marion, besonders zugetan ist und dessen Kunst des traditionellen Savoir-faire sie bewundert. Der Polstergurt als typisches Material wurde sichtbar eingesetzt. Eine Hommage der Designerin an die ‚versteckte' Arbeit des Polsterers.

DESIGN: LE FOURBI CRÉATIF DE MACHA

Polsterer „Pouf“

WERKZEUGKASTEN

Werkzeug

- Stichsäge
- Bohrmaschine
- Schwingschleifer
- Hammer
- Metallsäge
- Schraubzwingen
- Handgehrungssäge
- Flachpinsel

Material

- 1 umkehrbare Klotzpalette, 1.200 x 800 mm (hier: B 100 mm x Stärke 20 mm Brettern)
- 1 Klotzpalette mit 9 Klötzen, 1.200 x 800 mm (hier: Größe der Bretter: B 80 mm x Stärke 15 mm/ Größe der Klötze: 75 x 75 mm)
- Polsternägel (ø 14 mm)
- Nägel (ø 3 x 70 mm)/(ø 2,2 x 40 mm)
- Stauchkopfnägel (ø 1,6 x 30 mm)
- 5 m Polstergurt aus Jute mit rotem Kennfaden (60 mm breit)
- Holzkleber
- Holzdübel (ø 8 mm)
- Holzfarbe im gewünschten Farbton

Und das Beste: Ein praktischer und mobiler Sitzplatz, auf dem es sich – dank der Polstergurte – bequem sitzen lässt.

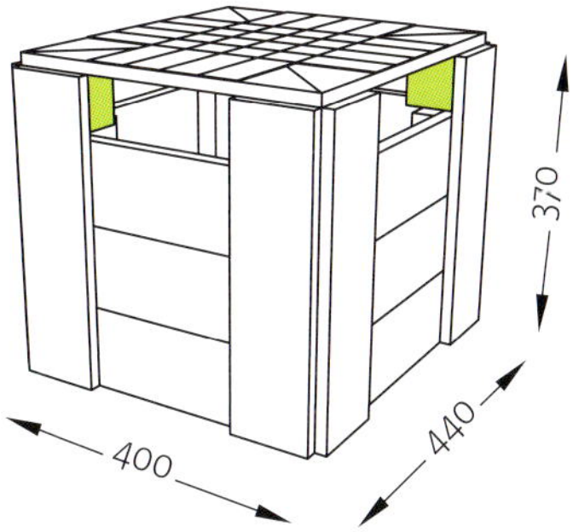

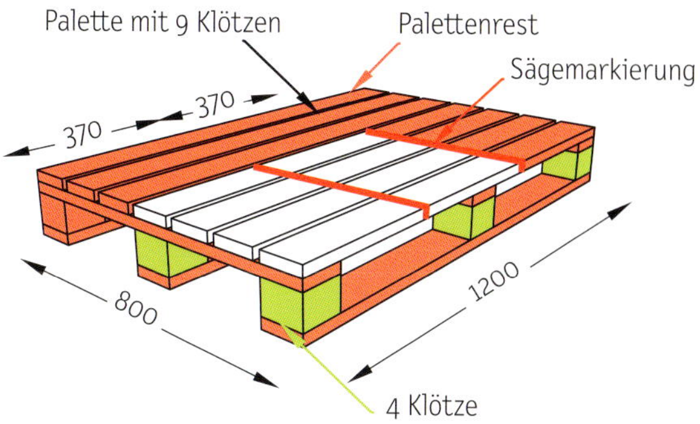

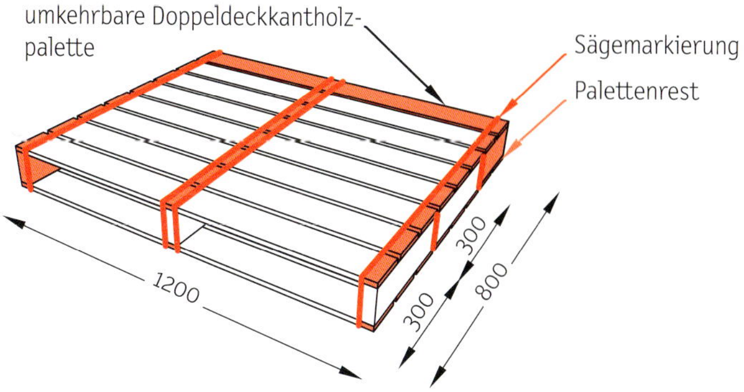

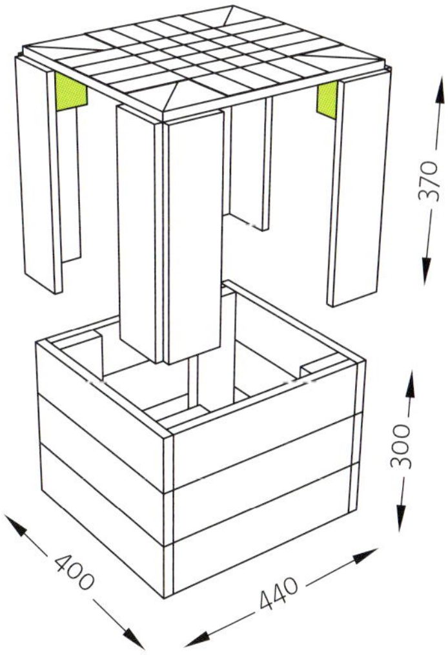

Alle Maße in den Zeichnungen sind in Millimetern angegeben.

Bauanleitung

DER WÜRFEL

1. Sägen Sie aus einer Doppeldeckkantholzpalette, die Bretter zwischen den Kanthölzern aus, um 12 400 mm lange Teile zu erhalten. Entfernen Sie die Brettreste von den Kanthölzern mit einer Metallsäge und sägen Sie diese anschließend in 4 300 mm lange Teile.

2. Nageln Sie die Bretter mit ø 3 x 70 mm großen Nägeln auf die Kanthölzer, 3 Bretter auf jede Seite.

3. Achten Sie beim Aufnageln der Bretter auf die Position der Kanthölzer. Die beiden gegenüberliegenden Seiten sind an der breiten Seite der Kanthölzer befestigt, darum erhalten Sie 2 Seitenteile mit 400 mm und 2 Seitenteile mit 440 mm (siehe Bauplan Würfel S.103 unten links).

4. Schleifen Sie die Seiten mit dem Schwingschleifer. Beginnen Sie mit 80er und schleifen dann mit 120er Körnung, um eine möglichst glatte Oberfläche zu erhalten.

DIE SITZFLÄCHE

5. Schneiden Sie aus der Doppeldeckpalette 4 Bretter zwischen den Kanthölzern, um 2 Teile mit 400 mm Länge und 2 Teile mit 440 mm Länge zu erhalten. Sägen Sie mit der Handgehrungssäge aus jedem Brett einen 45° Winkel aus.

6. Schleifen Sie die 4 Teile mit Schleifpapier mit Körnung 80, verwenden Sie für den Feinschliff Körnung 120.

7. Befestigen Sie mit Kleber und Nägeln (ø 2,2 x 40 mm) die Bretter auf den Klötzen, die Sie an der Klotzpalette abgebaut haben. *Achten Sie auf die Lage der Bretter: 2 gegenüberliegende Bretter mit 400 mm und 2 gegenüberliegende Bretter mit 440 mm.*

8. Legen Sie 2 Holzdübel, ø 8 mm pro Würfel, für den endgültigen Zusammenbau bereit. Markieren Sie die Stellen 20 x 20 mm vom Rand der Würfel. Bohren Sie mit einem kleinen Holzbohrer, ø 9 mm, 2 mm tiefere Löcher als die Länge des Holzdübels, um Platz für den Kleber zu haben.

Bauanleitung

9. Streichen Sie nur die Bretter der Sitzfläche. Die rote Farbe passt zum roten Kennfaden des Jutegurts.

DIE SITZFLÄCHE FLECHTEN

10. Um die Länge der Streifen zu bestimmen, nehmen Sie eine Brettlänge und fügen Sie zwei Mal die halbe Breite der Bretter als Umschlag hinzu.
Hier 540 mm (440 + (2 x 50)), dann 500 mm (400 + (2 x 50)).

11. Schneiden Sie ein paar Jutegurte, um die Sitzfläche abzudecken, stellen Sie vor dem Festnageln sicher, dass der Abstand zwischen den Gurten gleich ist.

12. Nageln Sie die Gurte mit Polsternägeln fest.
Tipp: Damit sich der Gurt einfacher spannen lässt, beginnen Sie in der Mitte, dann bespannen Sie die Seiten und schließlich den Rest.

13. Wenden Sie die Sitzfläche, um die Gurte untereinander zu verflechten, dann festnageln.

ZUSAMMENFÜGEN DES WÜRFELS UND DER SITZFLÄCHE

14. Stecken Sie die Holzdübel in die Klötze und markieren Sie die Dübel mit Kreide. Drücken Sie die Teile leicht aufeinander, um die Markierung auf den Würfel zu übertragen. Bohren Sie die Löcher. Wenn alles passt, geben Sie Holzkleber in die Löcher, um das Ganze zu stabilisieren.

FERTIGSTELLUNG DES POUFS

15. Verwenden Sie zur Fertigstellung der Ecken des Poufs 4 740 mm lange Bretter von der Klotzpalette. Sägen Sie sie in der Mitte durch, damit Sie 8 370 mm lange Teile erhalten. Schleifen Sie die Teile.

16. Klemmen Sie die Bretter mit Hilfe von Schraubzwingen an den Würfel. Geben Sie Holzkleber darauf und befestigen Sie sie mit Stauchkopfnägeln (ø 1,6 x 30 mm). Streichen Sie die Ecken des Poufs in der gleichen Farbe wie die Sitzbretter.

Le Fourbi Créatif de Macha

Marion Davaud, Designerin

Marion Davaud in 5 Jahreszahlen

1985: Geboren in Cholet

2005: Diplom als Grafik Designerin an der CEPRECO in Lille

2008: Gründung ihrer Firma *Le Fourbi Créatif de Macha*

2009: Gelistet bei der Kammer für künstlerische Berufe (Mission des Métiers d'Art/Pays-de-la-Loire).

2010: Bauökologische Renovierung eines Hauses.

Marion gehört zu den Menschen, die leise und zurückgezogen arbeiten. Sie recycelt, fügt zusammen, entwirft ... Schon immer hat sie ihre Einrichtung selbst gestaltet. Sie verwertet alles, was sie gerade zur Hand hat, sie gibt zu „anfangs aus Geldmangel" inzwischen aus Überzeugung. „Das Recyceln von Gegenständen und Möbeln und die Zweckentfremdung sind mittlerweile ein begehrter Ansatz beim Öko-Design." Ihr Beruf wird zur Berufung, *Le Fourbi Creatif de Macha* ist entstanden.

Wie kamst du dazu, Möbel aus Holzpaletten zu entwerfen?

Tagtäglich verwende ich die verschiedensten recycelten Materialien, die Holzpalette gehört dazu. Das Möbel erhält eine besondere Wertigkeit durch den ökologischen Aspekt. Das Besondere an der Arbeit mit Paletten ist die Maßarbeit und die Möglichkeit zur Personalisierung.

Was inspiriert dich zu deinen Entwürfen?

Möbel aus Palettenholz sind nicht nur sägeraue Möbel im Recycling Stil. Das Arbeiten mit Formen oder die Verbindung von Materialien bei der Gestaltung von unterschiedlichsten Möbeln und Gegenständen zeigt das volle Potenzial der Palette. Für den Pouf war es notwendig, die Jutegurte als zusätzliches Material zu verwenden, damit die Sitzfläche bequem wird. Bei dem Kopfteil fürs Bett wollte ich ein Mehrzweckmöbel mit integrierten Nachttischen und Leuchten gestalten.

Welches sind die Vor- und Nachteile der Palette?

Die Vorteile sind offensichtlich. Paletten sind günstig und leicht zu beschaffen. Sie bietet ein breites Feld zum Ausleben von Kreativität. Sie kann am Stück oder zerlegt verwendet werden und ist für einfache oder schwierigere Entwürfe geeignet. Fehler sind nicht tragisch, da sie nicht teuer ist. Es ist das ideale Material für alle, die ausprobieren möchten ein Möbel selbst zu bauen.

Was rätst du all denen, die Möbel oder Objekte aus Paletten gestalten möchten?

Man sollte nicht versuchen ein perfektes Ergebnis zu erzielen. Passen Sie Ihren Entwurf an die kleinen Fehler der Palette an; das macht ihren Charme aus. Berücksichtigen Sie auch, dass Holz bei Temperaturveränderung oder wenn es eine andere Verwendung findet, arbeitet: beim Trocknen, beim Zusammenbauen oder beim Streichen ...

Le Fourbi Créatif de Macha

6, rue des Pêcheurs - 44140 Remouillé - Tel.: +33 02 40 06 62 56

contact@lefourbicreatifdemacha.fr - www.lefourbicreatifdemacha.fr

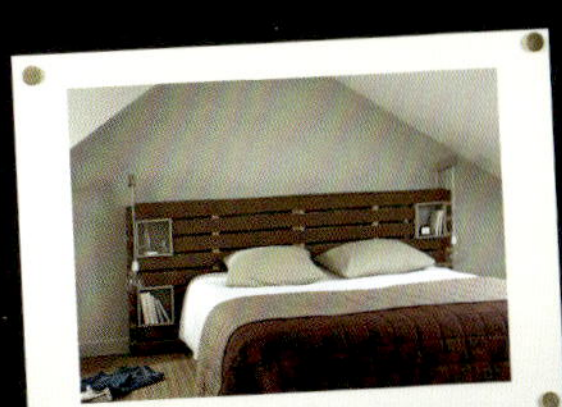

Von links nach rechts: Kopfteil fürs Bett „Theater“ (S. 58) ▪ Polsterer Pouf (S. 100)

Küchenregale „Sonntag“

Küchenutensilien, Gewürze oder Kochbücher finden auf diesen praktischen und originellen Küchenregalen ihren Platz. Sie sind einfach nachzubauen, ganz gleich, mit welcher Palettenart Sie arbeiten. Ein attraktives Design, das ebenso gut ins Schlaf- oder Wohnzimmer passt.

Ihr Name erinnert an den köstlichen Duft des Mittagessens, der sonntags durchs Haus strömte. Er weckt die Erinnerung an das von Großmutter zubereitete Leibgericht und an die freudige Erwartung, endlich den köstlichen Kuchen anschneiden zu dürfen.

ANREGUNG: ANA WHITE

UMSETZUNG: AURÉLIE DROUET

Küchenregale „Sonntag“

WERKZEUGKASTEN

Werkzeug

- Fuchsschwanz
- Hammer
- Schraubzwingen
- Schleifklotz + Schleifpapier (grobe und feine Körnung)
- Flachpinsel

Material

- 1 ausgeschnittene Kantholzpalette (Hier verwendet: 1.110 x 1.060 mm)
- Nägel
- Stahlschraubhaken, schwarz (ø 2,5 x mm)
- Holzöl

Und das Beste: Schafft Platz in den Schubladen. Ein Regal Duo, das ins ganze Haus passt.

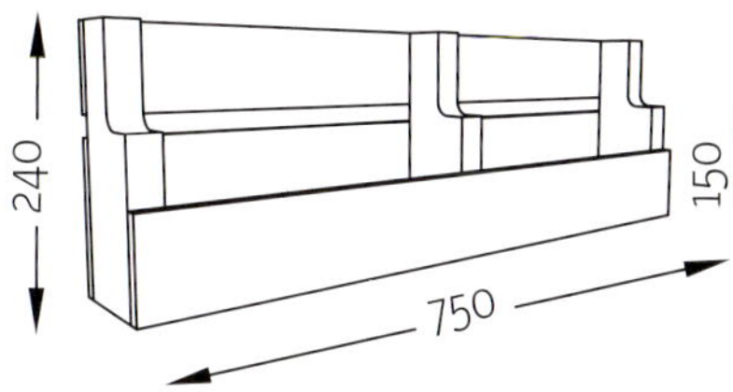

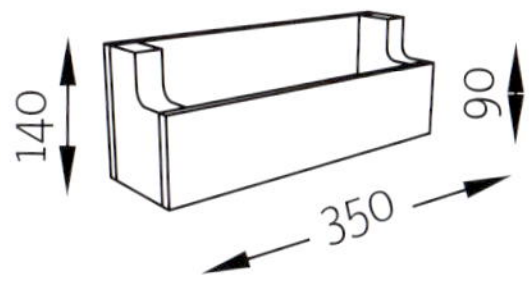

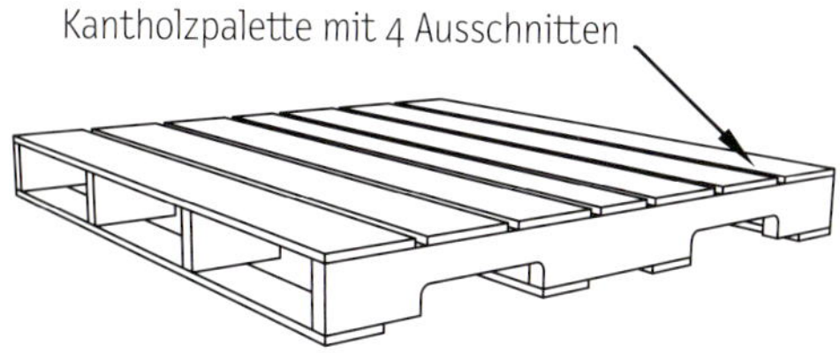

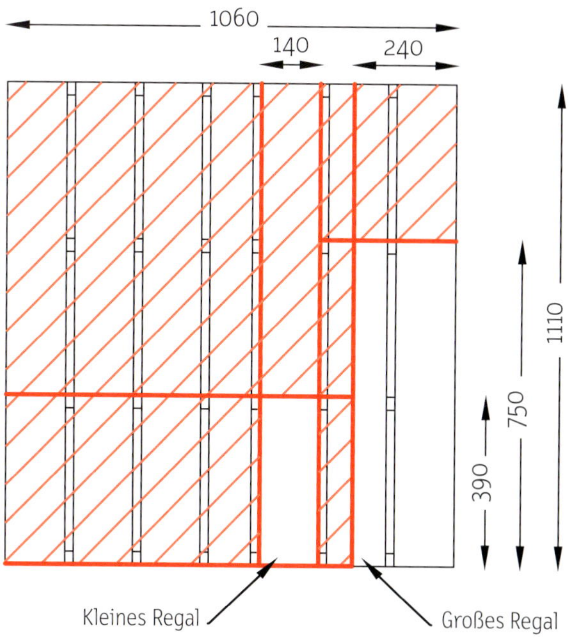

Alle Maße in den Zeichnungen sind in Millimetern angegeben.

Bauanleitung

1. Zerlegen Sie die Palette nach Plan, um zwei einfache und ein doppeltes Regal zu erhalten. Passen Sie Anzahl und Form der Regale Ihren eigenen Wünschen an.

2. Zum Arbeiten des Regalbodens messen Sie zunächst die Öffnung.

3. Übertragen Sie die Maße auf ein Palettenbrett. Sägen Sie das Brett für einen genauen und sauberen Schnitt mit dem Fuchsschwanz.

4. Halten Sie die beiden Teile mit Schraubzwingen zusammen, nageln Sie den Boden in das rückwärtige Brett des Regals.

5. Wenden Sie das Regal und nageln Sie das vordere Brett auf das Holz des Bodens.

6. Schleifen Sie das Regal mit grobem Schleifpapier, um die Holzunebenheiten auszugleichen, dann glätten Sie die Oberfläche mit einer feineren Körnung. Für kleine Flächen und das Abrunden der Ecken ist der Schleifklotz gut geeignet.

7. **Fertigstellung:** Tragen Sie mit einem Flachpinsel eine erste Ölschicht auf. Lassen Sie diese trocknen und schleifen Sie leicht mit feinem Sandpapier darüber. Entfernen Sie den Staub und tragen Sie eine zweite Schicht auf. Lassen Sie das Öl 24 Stunden trocknen.

8. **Praktische Idee:** Befestigen Sie ein paar Haken unter dem Regal, so haben Sie die Küchenhelfer immer rasch zur Hand.

Wandleuchten „Ganz gelassen“

Wer würde wohl eine kaputte Palette recyceln?
Philippe Daney verwendet mit Vorliebe ‚Ausrangiertes‘
für seine Designs. Mit diesen Wandleuchten zeigt er,
dass der Vorstellungskraft keine Grenzen gesetzt sind.
Eine, zwei oder drei Leuchten, bauen Sie
so viele Sie wollen und bringen Sie sie vertikal, horizontal,
symmetrisch oder nicht an der Wand an.
Eine Leuchte, die Ihrer Kreativität Raum gibt.

Von beschädigten Paletten geht eine gewisse Gewalt aus:
Man kann sich den heftigen Stoß, der die Bretter splittern lies,
vorstellen. Dabei verbreitet die fertige Leuchte ein warmes Licht.
Mit dem Namen der Leuchten „Ganz gelassen“
wollte der Designer das Gegensätzliche unterstreichen.

Der Designer Philippe Daney schlägt LED* Wandleuchten vor,
eine Technik, die im Beleuchtungsbereich mehr und mehr
eingesetzt wird, es können jedoch auch kleine Energiesparlampen
verwendet werden. Bei der Stehlampe „Handgepäck“
ist die Vorgehensweise beschrieben.

*LED steht für Light Emitting Diode

DESIGN: PHILIPPE DANEY

Wandleuchten „Ganz gelassen“

WERKZEUGKASTEN	
Werkzeug ▪ Fuchsschwanz ▪ Bohrmaschine ▪ Schleifklotz + Schleifpapier (grobe und mittlere Körnung) ▪ Schraubzwingen ▪ Lötkolben und Lötzinn ▪ Schlitzschraubendreher ▪ Abisolierzange	**Material** ▪ 1 beschädigte Kantholzpalette ▪ 3 High-Power LED*-Chips + Stromkabel + passende Netzteile ▪ 6 kleine Holzschrauben ▪ Schrauben und Dübel, je nach Beschaffenheit Ihrer Wand

Und das Beste: Das gesplitterte Holz sieht originell aus. Die LED Leuchten können durch kleine Sparlampen ersetzt werden.

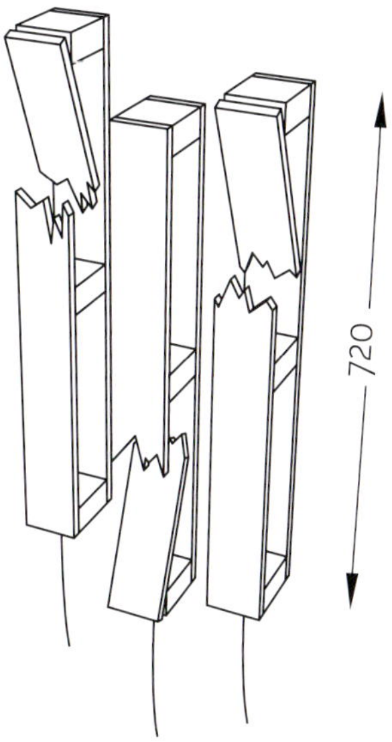

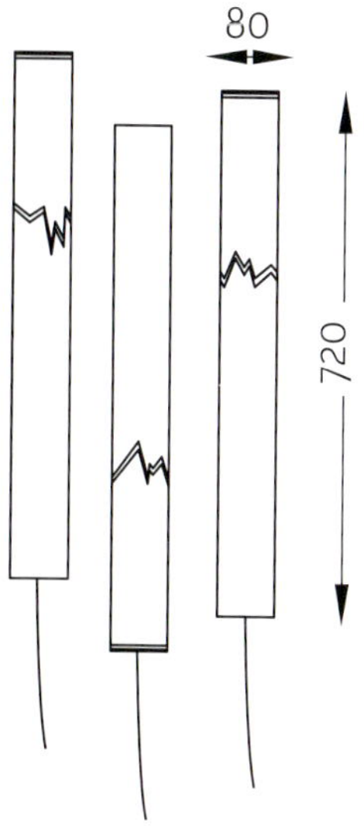

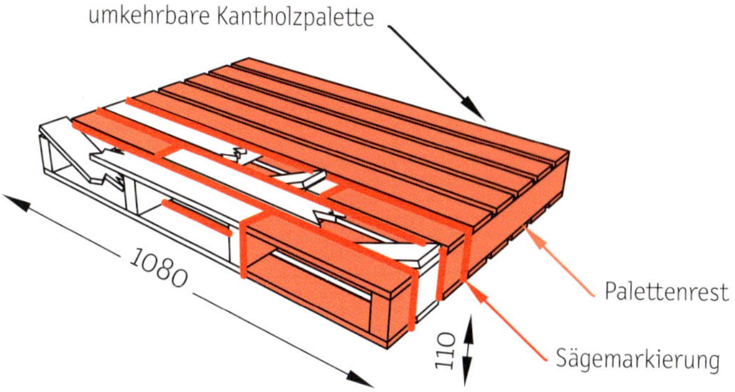

Alle Maße in den Zeichnungen sind in Millimetern angegeben.

Bauanleitung

1. Wählen Sie beschädigte Stellen der Palette, zeichnen Sie die Sägemarkierung entlang der Kanthölzer und sägen Sie sie aus.

2. Bohren Sie jeweils auf der Rückseite ein Loch für die Wandbefestigung.

3. Bohren Sie in die Mitte des Leuchtenbodens ein Loch in das Kantholz.

4. Bohren Sie ein Loch in das mittlere Kantholz je nach dem, wo die LED befestigt werden soll, sie muss nicht unbedingt mittig angebracht werden. Schleifen Sie die Wandleuchten mit einem Schleifklotz, zunächst grob, dann mit mittlerer Körnung.

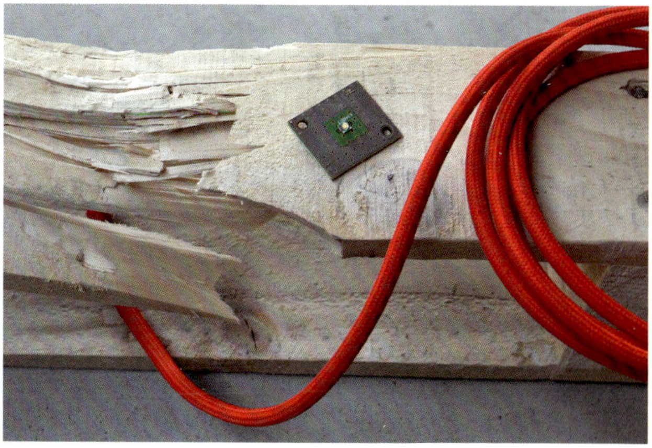

5. Achten Sie darauf, dass die auf Holz montierten LED 1W pro Lampe nicht übersteigt. Da die Leistung vom Netzteil abhängt, achten Sie darauf, dass das Netzteil zum verwendeten Chip passt. Kaufen Sie das Zubehör in einem Elektrofachgeschäft.

6. Bringen Sie die abisolierten Aderenden an die Anschlussstellen des Chips. Erhitzen Sie den Lötkolben und verlöten Sie mit Lötzinn die Anschlussdrähte mit den Kontakten. Lassen Sie die Lötstelle etwas erkalten. *Wichtig: Lesen Sie die Bedienungsanleitung wegen der Farben der Kabel.*

7. Ziehen Sie das Kabel durch die Löcher und schrauben Sie die LED auf das Kantholz. Schließen Sie die Stromkabel, wie in der Bedienungsanleitung angegeben, an das Netzteil an.

8. Verwenden Sie für Ihre Wand geeignete Dübel und Schrauben (Holz, Stein, Gipskarton, Hohlblocksteine), um die Wandleuchten aufzuhängen.

Karl Zahn
USA

Karl Zahn in 5 Jahreszahlen

1981: Geboren in Burlington (Vermont/USA)

2003: Diplom der Rhode Island School of Design

2005: Erste Ausstellung auf der *International Contemporary Furniture Fair* in New York

2009: Erster Preis für den Spiegel Vladimir auf der *Design Within Reach M+D+F*

2009: Nominierung zum *Fashion Group International Rising Star.*

Karl Zahn lebt und arbeitet als freier Designer in Brooklyn. Nach seinem Abschluss an der Rhode Island School of Design studiert er ein paar Jahre skandinavisches Design in Kopenhagen. Seine Entwürfe, immer eine Suche nach der Balance zwischen Form und Funktion, sind von seinen dänischen Studien geprägt. „Vladimir" oder der Palettenspiegel, ist das Ergebnis seiner persönlichen Recherchen und Erfahrung.
Die Form von „Vladimir" erinnert an die alten Spiegel des 19. Jh. in Frankreich, sein Ausgangsmaterial ist allerdings von Blattgold weit entfernt. Dieses Design, auf der Basis von zwei teilweise beschädigten Paletten entwickelt, zeigt die unbegrenzten Möglichkeiten der Wiederverwertung einer Palette.
Jede Palette hat ‚ihre Geschichte'. Von ihrem Ausgangspunkt bis zum endgültigen Bestimmungsort kann sie viele Tausend Kilometer zurückgelegt haben. Dies bezeugen die von der Reise zurückgebliebenen ‚Narben', ebenso wie der für immer eingebrannte Palettenname eine Geschichte erzählt.
Der Aufdruck DiMare auf der Vorderseite des Spiegels ist der Name eines italienischen, auf Tomatenprodukte spezialisierten Unternehmens. Wie kam es zum Namen des Spiegels? Der Designer spielt mit „Vladimir" auf Bram Stokers Roman Dracula an; inspiriert war der Autor von der Figur Vlad Tepes, Herrscher der Walachei im 15. Jahrhundert. Der Unsterblichkeitsmythos der Vampire wird hier auf den Lebenszyklus eines Gegenstands übertragen. Eigentlich zerstört und unbrauchbar geworden, erhält die Palette so ein zweites Leben. Karl Zahn entwickelt hier seine künstlerische Analogie: Die Auskerbungen im Holz erinnern an Vampirbisse. In Verbindung mit dem Ursprung der Palette bei einem Hersteller für Tomatensoße wird der Gedanke an menschliches Blut angeregt.

Designpack Gallery
860 Manhattan Ave #4R - Brooklyn NY, 11222 - Tél. : +1 415 202 3661
karl@oboiler.com - www.oboiler.com

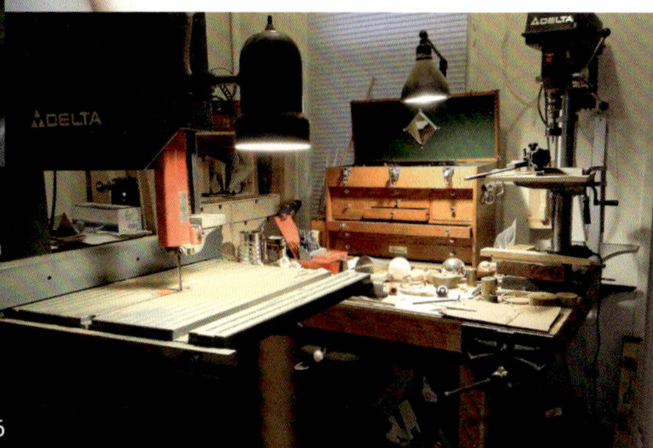

1. Spiegel „Vladimir", von vorne. ▪ 2. Spiegel „Vladimir", Detailansicht ▪ 3. Spiegel „Vladimir", 3/4 Ansicht. 4. Spiegel „Vladimir", Zoom auf die Ecke ▪ 5. „Tier Box" - Stier, zwischen Totem und Skulptur, die Sammlung „Tier Box" besteht aus 6 Tieren ▪ 6. Atelier von Karl Zahn in Brooklyn ▪ 7. Holzreste.

11:39
Je n'ai pas peur !
Jonathan Allen

Regal „Charlotte“

Einfach, praktisch und ästhetisch:
So könnte man das Regal „Charlotte“
auf den Punkt bringen.
Hier in der horizontalen Version,
ist es doch ganz variabel.
Stellen Sie sich jedes Modul
in der Vertikalen vor!
Ein Möbel, das nach Belieben und Bedarf
zusammengestellt werden kann.
Die einzige Vorgabe: die Balance halten.

Das Regal „Charlotte“ mit seinen Modulen
ist eine bescheidene Hommage
an die französische Architektin
und Designerin Charlotte Perriand,
deren Entwürfe Module
als grundsätzliches Prinzip verstehen.

DESIGN: M&M DESIGNERS

Regal „Charlotte“

WERKZEUGKASTEN

Werkzeug

- Fuchsschwanz
- Stichsäge
- Akku-Bohrschrauber
- Exzenterschleifer + Schleifklotz (Schleifpapier mit grober und feiner Körnung)
- Schraubzwingen
- Pinsel: 1 Heizkörperpinsel, 1 Rundpinsel und 1 Flachpinsel

Material

- 2 Kantholzpaletten mit Rücksprung, 1.060 x 1.060 mm
- 2 umkehrbare Kantholzpaletten, 1.100 x 860 mm
- Holzdübel (ø 8 mm)
- Holzkleber
- 4 kleine selbstbohrende Holzschrauben
- Farbkreide
- Holzfarbe im gewünschten Farbton

Und das Beste: Ein Möbel, das Sie nach Ihren Wünschen gestalten können. Die Farbe auf den Innenseiten des Regals verleiht ihm Tiefe.

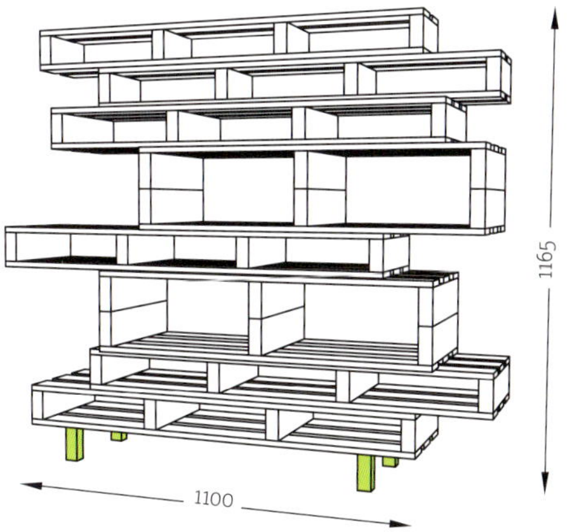

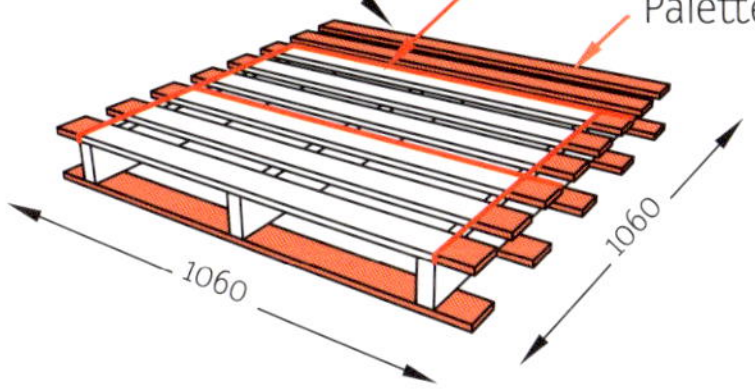

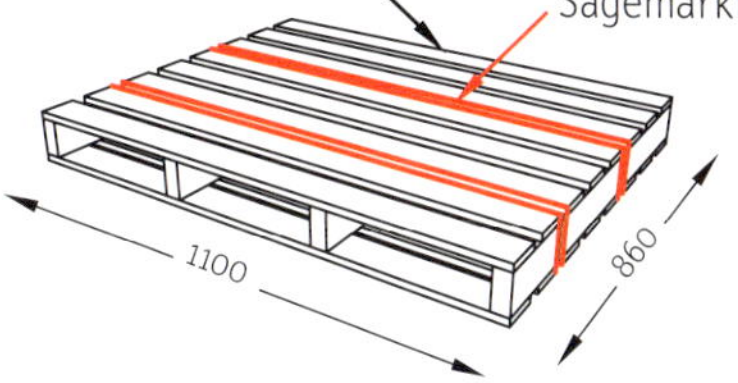

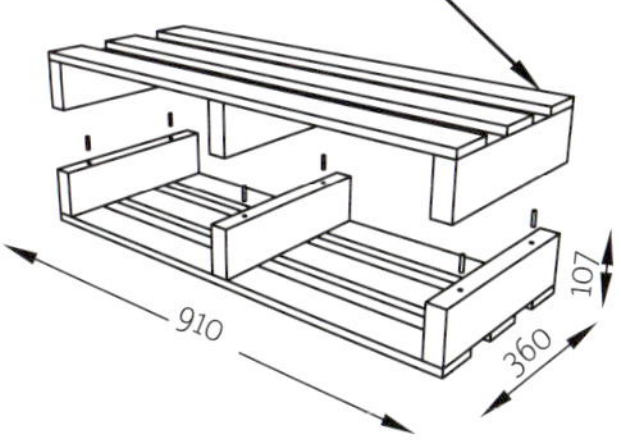

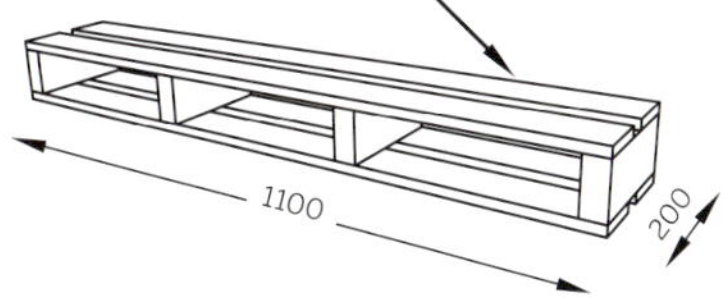

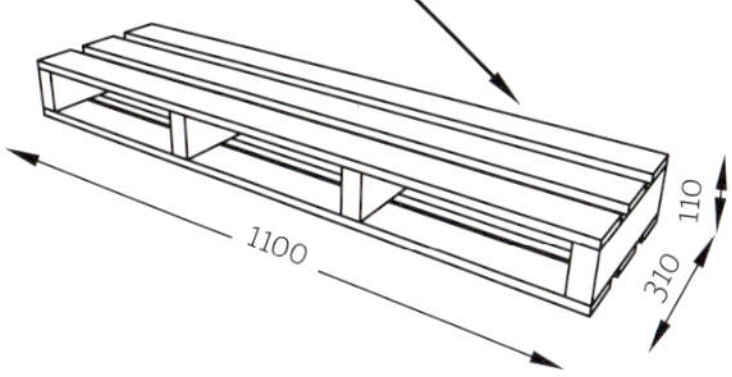

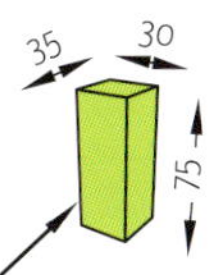

Alle Maße in den Zeichnungen sind in Millimetern angegeben.

Bauanleitung

1. Sägen Sie aus jeder der beiden umkehrbaren Paletten, 1.100 x 860 mm, 3 Module, wie im Plan angegeben: 2 Module mit 3 Brettern und 1 Modul mit 2 Brettern. Sägen Sie die äußeren Kanthölzer mit der Stichsäge.

2. Verwenden Sie zum Sägen der inneren Kanthölzer den Fuchsschwanz.

3. Bewahren Sie die 4 Kantholzreste (zwischen den Brettern herausgesägt) für die Füße auf.

4. Die beiden Kantholzpaletten mit Rücksprung, 1.060 x 1.060 mm, bilden die oberen Module. Entfernen Sie bei dieser Palette die Bretter der Bodenplatte.

5. Entfernen Sie die Nägel mit einer Zange aus den Kanthölzern.

6. Sägen Sie bei der oberen Platte die überstehenden Bretter mit der Stichsäge ab.

7. Sägen Sie aus jeder Palette, 2 Teile mit jeweils 3 Brettern (siehe Plan), das restliche Holz bleibt übrig.

8. Ein hohes Modul besteht aus 2 aufeinandergesetzten, mit Holzdübeln zusammengesteckten Teilen mit jeweils 3 Brettern. Bohren Sie mit einem ø 9 mm großen Holzbohrer in jedes Kantholz von einem der Teile für die 8 mm großen Holzdübel 2 Löcher und schlagen Sie diese ein.

Bauanleitung

9. Durch Markieren der Holzdübel mit Kreide können Sie die Bohrstellen auf das Kantholz des zweiten Teils übertragen. Setzen Sie das zweite Teil genau auf die markierten Holzdübel und drücken Sie sie an.

10. Nachdem Sie die Kanthölzer des zweiten Teils angebohrt haben, stecken Sie die Paletten zusammen. Geben Sie Holzkleber in jedes der Dübellöcher, um der Konstruktion Stand zu verleihen.

11. Schleifen Sie alle Module des Regals ab.

12. Zeichnen Sie auf eines der unteren Module mit einer Tiefe von 3 Brettern die Stelle für die Füße ein.

13. Befestigen Sie die Füße mit Holzkleber am Modul.

14. Halten Sie das Holz mit Schraubzwingen zusammen, bis der Kleber trocken ist. Sie geben dem Regal Halt, indem Sie jeden Fuß von innen an das Modul schrauben.

15. Setzen Sie abwechselnd die 6 unteren und die beiden oberen Module des Regals aufeinander. Achten Sie auf eine gleichgewichtige Verteilung.

16. Ausarbeitung: Streichen Sie die oberen Teile des Regals mit einem Flachpinsel, verwenden Sie einen Rundpinsel für die Feinarbeit. Wir empfehlen für die unteren Module mit 3 Brettern, bei denen das mittlere Brett schwer zu erreichen ist, einen Heizkörperpinsel zu verwenden.

Tablett „Petula“

„Petula“ mit seinen unterschiedlichen Aufteilungen erinnert an die bunten Plastiktabletts der 1970er Jahre. Mr&Mlle® haben das Tablett in einem spielerischen Design wiederentdeckt. Sie gestalten Ihr Puzzle aus Holzresten selbst und setzen es zusammen. Sie bestimmen Platzierung und Form der Aufteilungen und streichen das Tablett in Ihrer Lieblingsfarbe. Auf dem Weg vom Esszimmer oder in den Garten wird „Petula“ zu Ihrer Verbündeten beim improvisierten Picknick.

‚Petula‘, ein Anagramm aus dem französischen Wort ‚plateau‘, bedeutet nicht nur Tablett, sondern auch Palettenplatte. Ein kleines Wortspiel mit einer Einladung zum Lunch im Grünen.

DESIGN: MR&MLLE®

Tablett „Petula“

WERKZEUGKASTEN

Werkzeug

- Stichsäge
- Dosenbohrer
- Akku-Bohrschrauber
- Handtacker
- Holzstift
- Pinsel: 1 kleine Rolle und 1 Flachpinsel

Material

- Palettenreste
- 2 Sperrholzbretter
  L 500 x B 350 x Stärke 5 mm
- Holzkleber
- Farbe im Farbton Ihrer Wahl
- Farbloser, matter Lack auf Wasserbasis (lebensmittelecht)
- Geschirr (1 Glas, 1 Teller und Besteck)

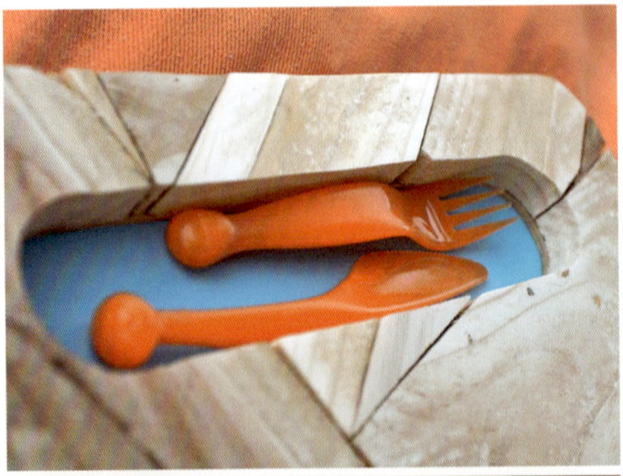

Und das Beste: die praktischen Aufteilung für Besteck, Gläser und Teller. Ein Tablett, wie ein Puzzle spielend aus kleinen Palettenresten gefertigt.

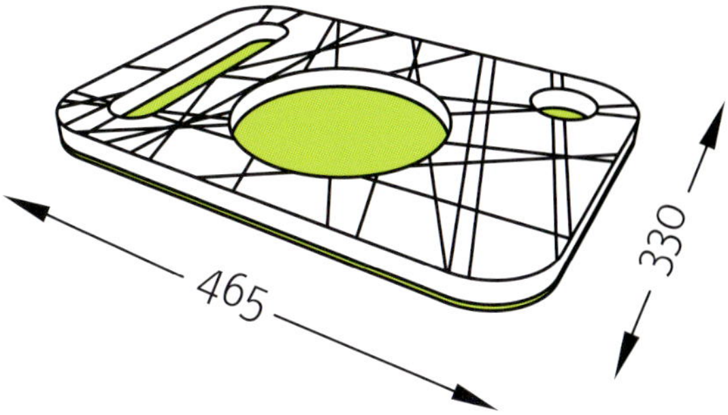

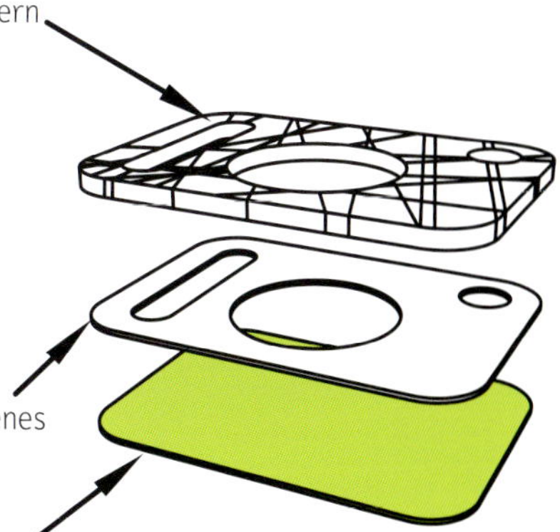

Alle Maße in den Zeichnungen sind in Millimetern angegeben.

Bauanleitung

1. Sägen Sie eine der Sperrholzplatten in der Größe des Tabletts aus: 470 x 330 mm.

2. Zeichnen Sie mit einem Teller oder einem Deckel in der gewünschten Größe den Platz für den Teller ein. Damit haben Sie den Anhaltspunkt beim Setzen der Puzzle Teile.

3. Zersägen Sie die Bretterreste in kleine Holzstücke.

4. Setzen Sie Ihr eigenes Holzpuzzle auf der Sperrholzunterlage zusammen. Sollten die einzelnen Teile nicht genau zusammen passen, helfen Sie mit der Stichsäge nach.

5. Überstehende Holzteile werden zum Schluss rundum abgesägt.

6. Kleben Sie die Teile mit Holzkleber auf die Sperrholzplatte und lassen Sie den Kleber trocknen.

7. Wenden Sie das Tablett und zeichnen Sie Unterteilungen für Teller, Glas, Besteck und die abgerundeten Ecken ein.

8. Verwenden Sie einen Tacker und Stauchkopfnägel, die im Holz kaum zu sehen sind.

Bauanleitung

9. Befestigen Sie das Holz mit dem Tacker rundum am Sperrholz (einschließlich Umriss des Tabletts und der Aussparungen für das Geschirr).

10. Sägen Sie mit der Stichsäge den Umriss des Tabletts aus.

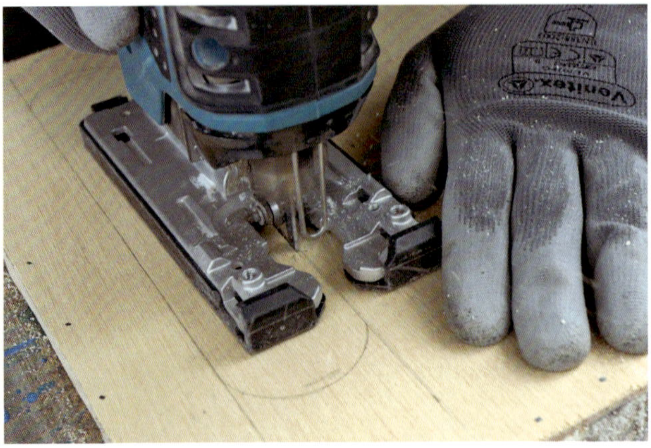

11. Für die Aussparungen für Teller und Besteck bohren Sie am inneren Rand der Zeichnung ein Loch mit einem leicht größeren Durchmesser als das Sägeblatt Ihrer Stichsäge misst.

12. Stecken Sie das Sägeblatt in das Loch und sägen Sie vorsichtig entlang der Markierung.

13. Sägen Sie den Ausschnitt für das Glas mit einem Dosenbohrer aus.

14. Schrauben Sie die zweite, zuvor gestrichene Sperrholzplatte, auf die Unterseite.

15. Wenden Sie das Tablett und sägen das überstehende Sperrholz ab.

16. Versiegeln Sie das Tablett mit farblosem, mattem Lack auf Wasserbasis.
Wichtig: Achten Sie darauf, dass der Lack lebensmittelecht ist, auch wenn die Lebensmittel mit dem Tablett nicht direkt in Kontakt kommen.

Mr&Mlle®

Bénédicte Lagrange und Jean-Marie Reymond

Bénédicte und Jean-Marie in 6 Jahreszahlen

1981: Jean-Marie ist in Saint-Nazaire geboren

1982: Bénédicte ist in Wissembourg geboren

2002: Zusammentreffen an der Hochschule für angewandte Kunst

2006: Diplom als Designer/Innenarchitekten der École Pivaut in Nantes

2007: Gründung von Mr&Mlle®

2009: Sechsmonatige Reise nach Indien und Nepal.

Obwohl ihr Architekturstudium auf industrielles Design ausgerichtet war, wenden sich Bénedict Lagrange und Jean-Marie Reymond der Inneneinrichtung und vor allem dem Recycling zu. Der allseits übermäßige Konsum und die dabei anfallenden Müllberge motivieren sie dabei: „Verlieren wir nicht gerade die Bindung an Objekte, was früher nicht der Fall war?“ Die Wiederverwendung, Zweckentfremdung und Verbindung von Materialien wurde zu ihrem Markenzeichen. Ein ethischer und praktischer Ansatz mit dem Bedürfnis, „die Verbindung zwischen Mensch und Objekt wiederherzustellen“. Eine Verbindung, die noch intensiver ist, wenn der Mensch die Objekte selbst herstellt.

Wie kamt ihr dazu, Möbel aus Holzpaletten zu entwerfen?

Das war eigentlich einfach und schwierig zugleich. Einfach, da bei der Palette ein uns vertrautes Material verarbeitet wurde: Holz. Schwierig, weil wir nicht dem Klischee der Palette erliegen wollten: sägeraues Holz ... Wir wollten erschwingliche, leicht nachzubauende Designs entwerfen, die aber auch ästhetisch und praktisch sein sollten. Gängige Normen, wie z. B. die Höhe eines Schreibtischs sollten dabei ebenfalls beachtet werden.

Was inspiriert euch zu euren Entwürfen?

Der Alltag! Möbel gestalten, die den alltäglichen Bedürfnissen entsprechen. Wir entwickeln gerne nützliche und praktische Gegenstände, die gleichzeitig originell sind. Beim Lampen-Nachttisch sind mehrere Funktionen in einem Objekt verbunden. Es ist ein ‚intelligentes‘ Möbel, das uns das Leben erleichtert! Es macht Spaß das Tablett Petula spielerisch wie ein Puzzle zusammenzusetzen. Das Entwickeln des Schreibtischs war anders, da hier die Palette die Form vorbestimmt hat. Wir wollten, dass die Palette im Design noch durchscheint. Zunächst haben wir die Tischplatte entworfen und der Rest ist nach und nach entstanden, ein transparentes Konzept war uns dabei wichtig.

Was ratet ihr all denen, die Möbel oder Objekte aus Paletten gestalten möchten?

Die Art der Palette sollte auf jeden Fall auf das zu gestaltende Objekt abgestimmt sein. Die Belastung eines Lampenfußes oder eines Tischbeins ist grundverschieden. Auch muss das Holz sorgfältig gewählt werden, damit der beste Effekt erzielt wird. Achten Sie auf astige und beschädigte Stellen, die mittelfristig die Qualität Ihrer Arbeit beeinträchtigen können.

Mr&Mlle®

6 bis, rue Noire - 44000 Nantes - Tel.: +33 02 40 48 54 96

contact@mretmlle.com - www.mretmlle.com

Von links nach rechts:
Garderobenständer „Wo ist Brian?“ (S. 66) ▪ Schreibtisch „Michel“ (S. 86) ▪ Tablett „Petula“ (S. 132) ▪ Lampen-Nachttisch „Lisette“ (S. 156)

BelThasar
BelThasar

Stehlampe „Handgepäck“

Viele haben sich schon beim Bau einer Lampe entmutigen lassen, insbesondere wenn es an die Elektrik geht. Diese Lampe zu bauen ist jedoch ganz einfach. Mit einem Minimaleinsatz an Material und Werkzeug, spielend leichtem Zusammenbau und einer einfachen Elektroinstallation erhalten Sie ein verblüffendes Ergebnis! „Handgepäck“ ist die ideale Lampe, um mit Lichteffekten eine sanfte Stimmung zu zaubern. Eine praktische, leichte Stehlampe, die Sie nach Belieben überall aufstellen können.

„Handgepäck“, ein Name, der die Art der Verwendung der Lampe deutlich macht. Eine Stehlampe, kaum größer als eine Reisetasche oder ein Koffer, dazu gedacht, überall im Haus zum Einsatz zu kommen.

DESIGN: PHILIPPE DANEY

Stehlampe „Handgepäck“

WERKZEUGKASTEN

Werkzeug	Material
▪ Fuchsschwanz ▪ Akku-Bohrschrauber ▪ Exzenterschleifer + Schleifklotz ▪ Heizkörperpinsel ▪ Spannungsprüfer ▪ Abisolierzange	▪ Reste einer Kantholzpalette mit Rücksprung 520 x 530 mm (der hier verwendete Rest stammt vom Liegestuhl Cinchas) ▪ Rest eines Palettenbretts ▪ Fassung E27 ▪ Rotes Stromkabel mit Schalter u. Stecker ▪ Energiesparlampe E27/11W ▪ Gewinderohr (ø 10 x 20 mm) ▪ selbstbohrende Holzschrauben ▪ Farbe im Farbton Ihrer Wahl

Und das Beste: Eine leichte Stehlampe, die Sie überall im Haus aufstellen können. Sie ist einfach zu bauen und erfordert kaum Material.

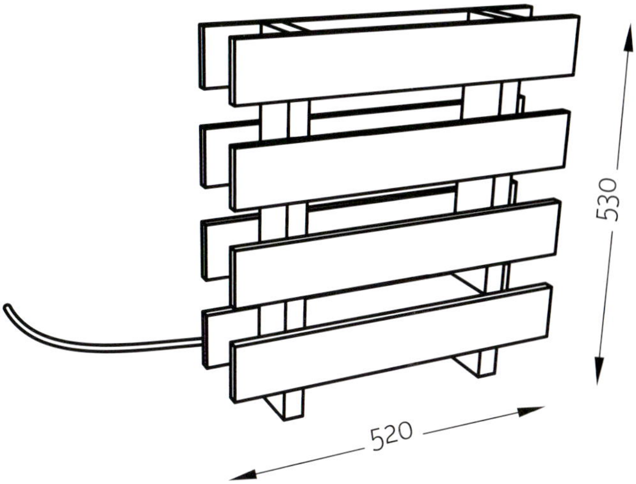

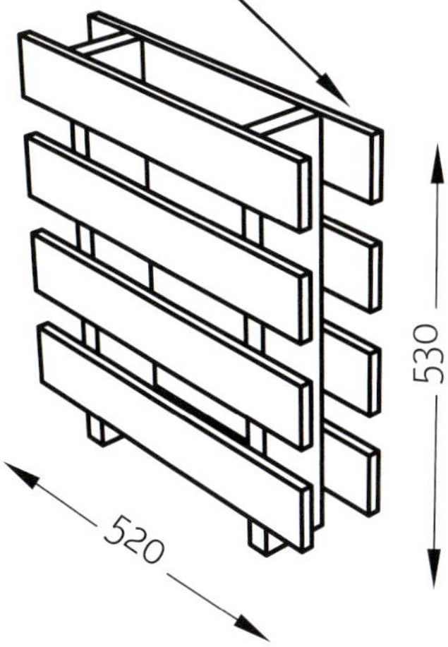

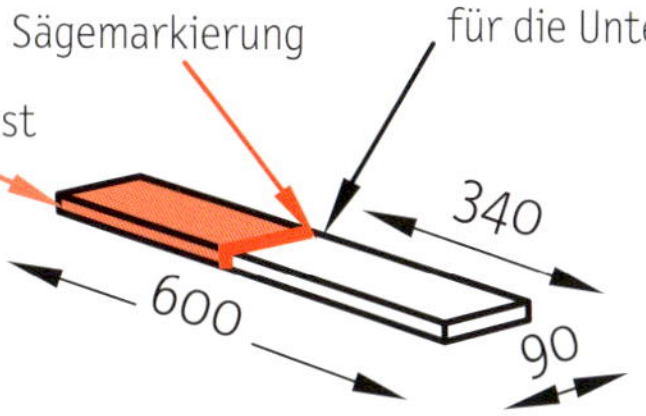

Alle Maße in den Zeichnungen sind in Millimetern angegeben.

Bauanleitung

1. Schleifen Sie die Außenseite des Palettenrests mit dem Exzenterschleifer, die Innenseite mit dem Schleifklotz ab.

2. Messen Sie für den Lampenboden die Palettenöffnung aus und übertragen Sie die Maße auf das Brett. Das Brett sollte satt in der Öffnung sitzen, damit der Boden fest ist. Zeichnen Sie die Diagonalen auf das Brett, um den Mittelpunkt zu bestimmen.

3. Bohren Sie an der Markierung mit einem 10er Holzbohrer ein Loch für das Gewinderohr in das Brett.

4. Streichen Sie die Lampe bevor Sie an die Elektroinstallation gehen. Es wird nur die Innenseite der Lampe gestrichen. Verwenden Sie zum Streichen einen Heizkörperpinsel, so erreichen Sie leichter die schwer zugänglichen Stellen.

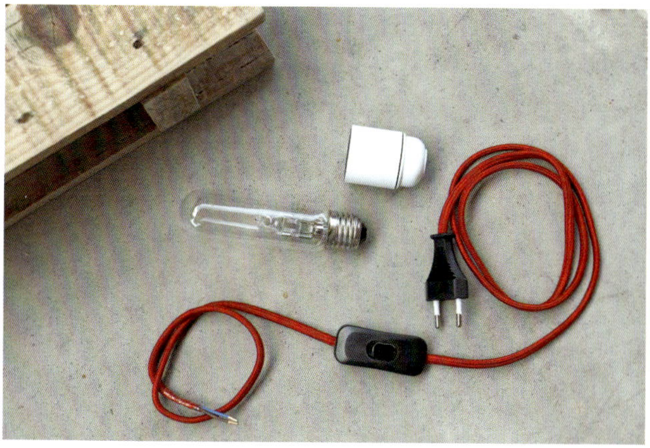

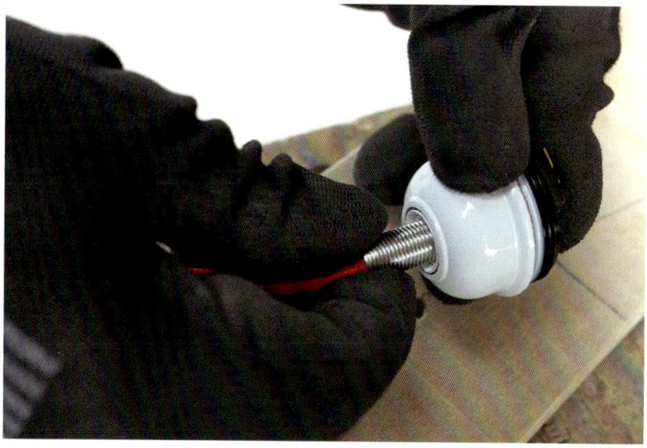

5. Besorgen Sie sich für eine einfache Elektroinstallation ein Stromkabel mit Schalter und Stecker im Handel. Es ist mit bereits abisoliertem Stromkabel erhältlich. Diese Produkte sind leicht zu handhaben und entsprechen den gesetzlichen Sicherheitsnormen.

6. Schrauben Sie die Kappe der Fassung auf das Gewinderohr und ziehen Sie das Stromkabel durch.

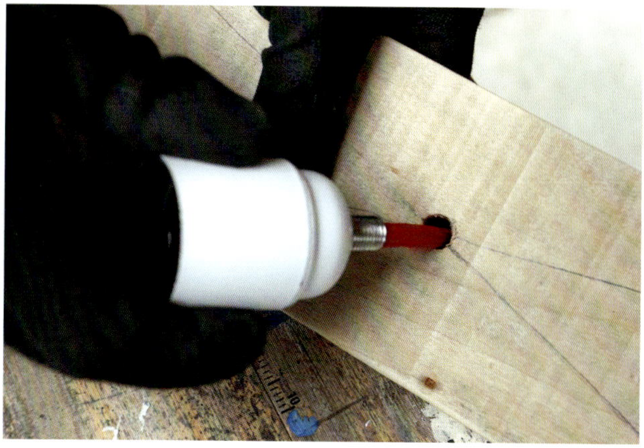

7. Falls nötig isolieren Sie das Kabel auf ca. 5 mm ab, stecken Sie die Aderenden in die zuvor aufgeschraubten Schraubklemmen. Ziehen Sie die Schrauben mit einem kleinen Schraubenzieher wieder fest an. Stecken Sie das Anschlussstück in die Kappe und verschrauben Sie diese mit dem Fassungsmantel.

8. Stecken Sie das Gewinderohr in das Brett. Setzen Sie den Lampenboden mithilfe eines Schlagklotzes und Hammers ein. Schlagen Sie kräftig aber vorsichtig. Schrauben Sie die Glühbirne in die Fassung!

Gartenbank „Eidechse“

Ein Ort der Begegnung und des Austauschs, zum Flirten
oder für Tagträumereien, eine Bank hat vielfältige Bestimmungen.
Auf jeden Fall ist sie ein unverzichtbares Sitzmöbel
in privaten und öffentlichen Gärten. Im Schatten eines Baums
ist die Gartenbank „Eidechse“ der ideale Platz
für eine Pause allein oder mit Freunden.

Die Gartenbank „Eidechse“ lädt Sie ein, wie ihre Namensgeberin,
in der Sonne zu dösen.

DESIGN: MARIE-NOËLLE SALAÜN & AURÉLIE DROUET

Gartenbank „Eidechse“

WERKZEUGKASTEN

Werkzeug

- Fuchsschwanz
- Metallsäge
- Akkuschrauber
- Hammer
- Exzenterschleifer + Schleifklotz
- Schraubzwingen
- Flachpinsel
- weicher Lappen

Material

- 3 Kantholzpaletten mit Rücksprung, 1.200 x 800 mm
- selbstbohrende Holzschrauben für den Außenbereich
- rostfreie Nägel
- Leinöl
- Terpentin

Und das Beste: Die Querbretter sorgen für eine belastbare Sitzfläche.
Die Bank ist für drinnen und draußen geeignet

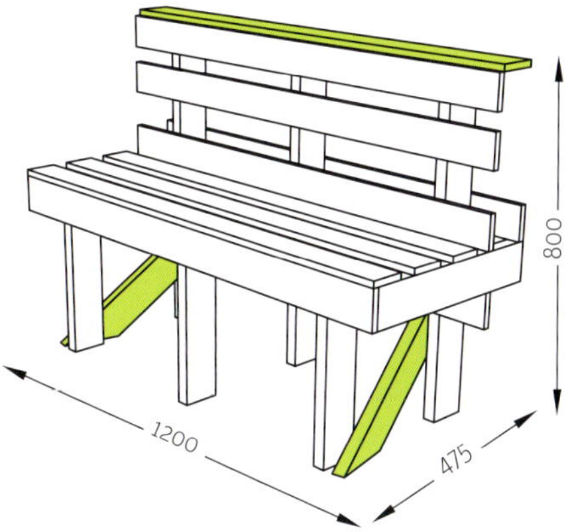

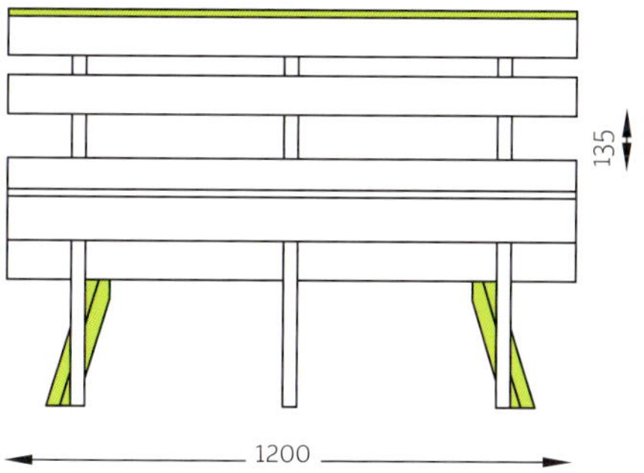

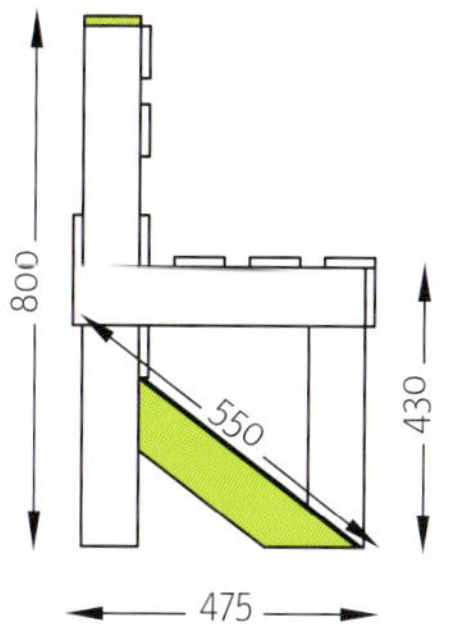

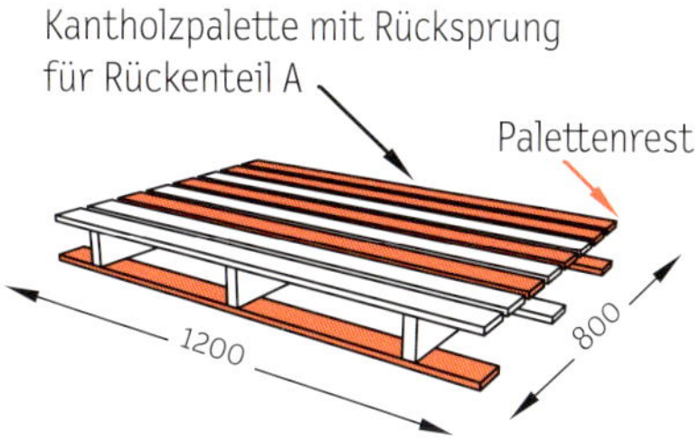

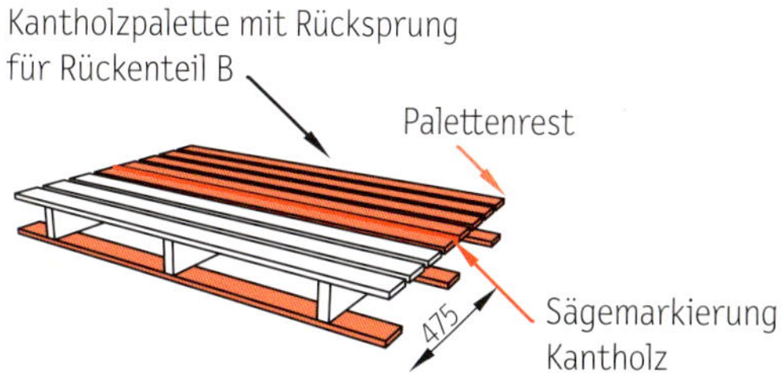

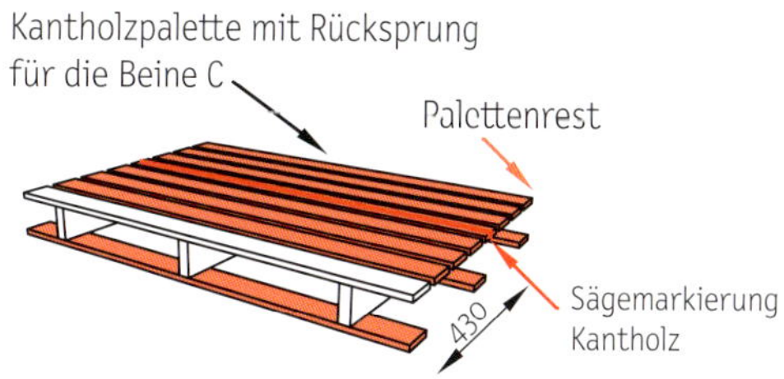

Alle Maße in den Zeichnungen sind in Millimetern angegeben.

Bauanleitung

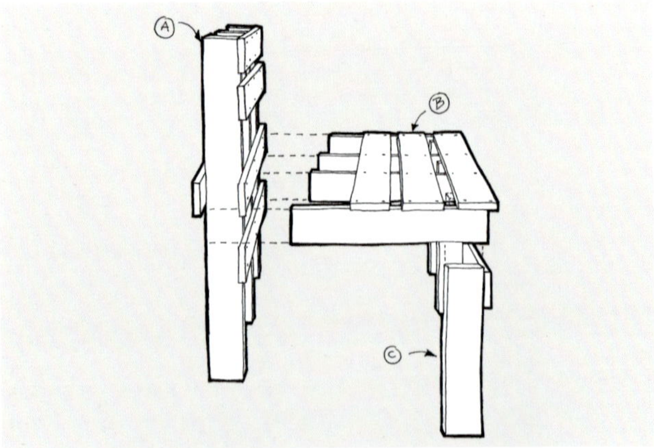

1. Messen Sie bei Palette B die gewünschte Tiefe, dann ziehen Sie die restlichen Bretter nach Methode 3 (siehe Zerlegen einer Holzpalette, Seite 16) heraus, um die Kanthölzer freizulegen. Entfernen Sie alle unteren Bretter. Entfernen Sie bei den Paletten A und C die nicht benötigten Bretter je nach gewünschter Optik.

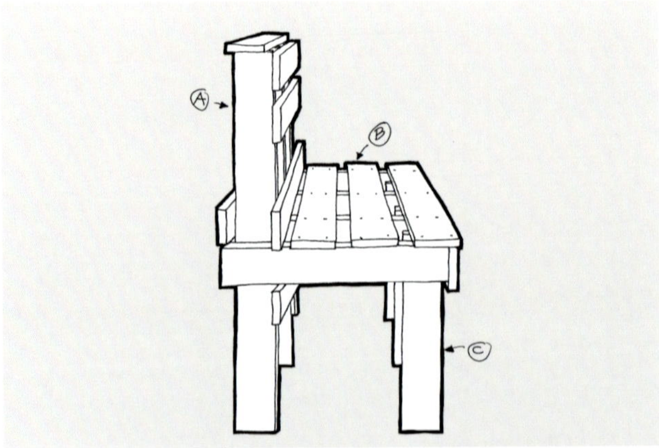

2. Stecken Sie die Kanthölzer der Sitzfläche (B) zwischen die beiden Bretter der Rückenlehne (A) in einer Höhe von ca. 430 mm. Sägen Sie die überstehenden Kanthölzer ab. Messen Sie die Beinhöhe der Palette A und übertragen Sie sie auf die Palette C. Sägen Sie nahe am Brett, um die Beine (C) bündig unter die Sitzfläche zu bringen.

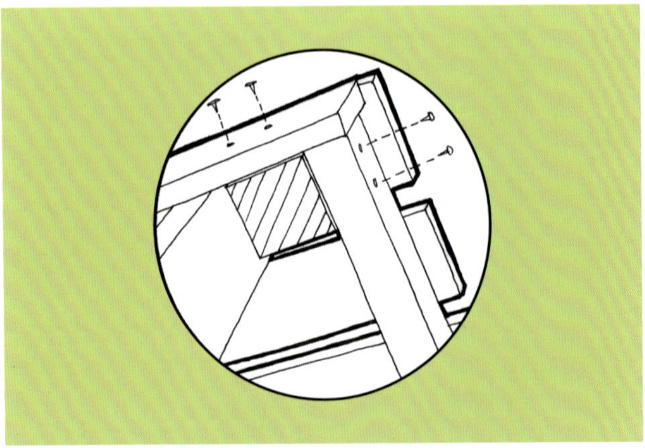

3. Setzen Sie die Sitzfläche und die Beine zusammen. Nageln Sie hierfür zuvor ausgeschnittene Kantholzreste zwischen die Enden der Kanthölzer unter der Bank.

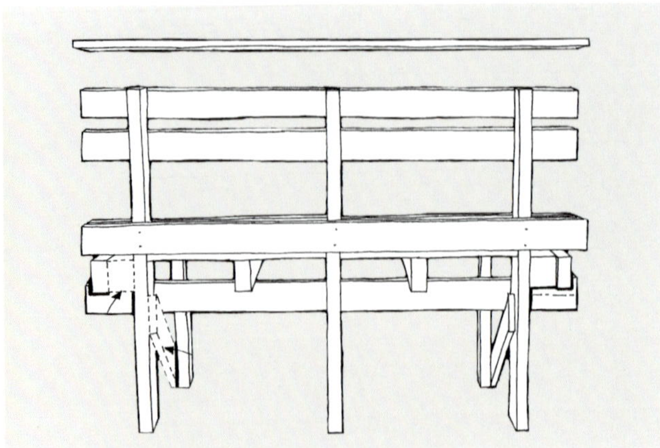

4. Befestigen Sie die Sitzfläche an der Rückenlehne, indem Sie die Kanthölzer der beiden Paletten (Teil D) an Klötzchen nageln.

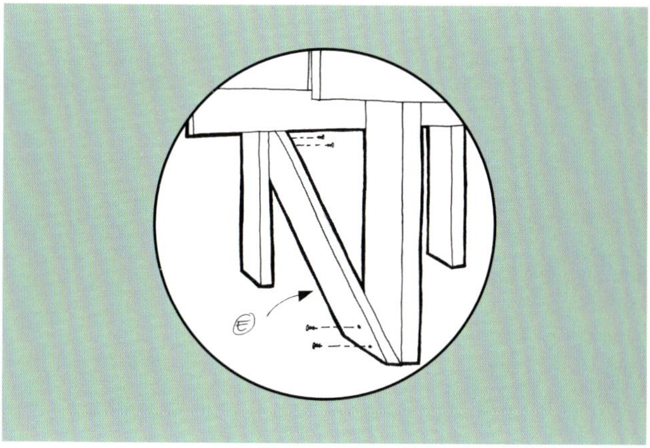

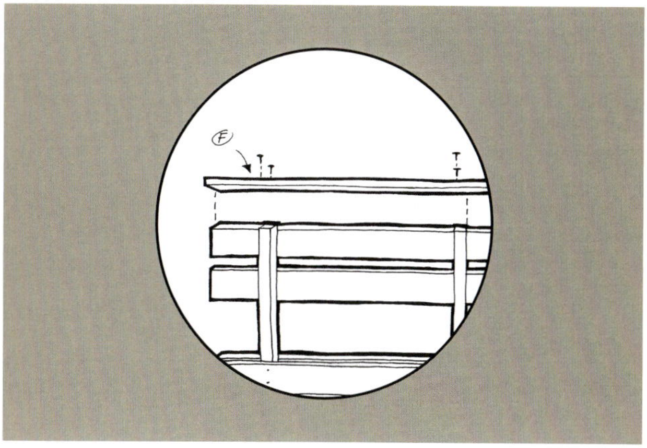

5. Stellen Sie die Verstrebungen aus den zuvor entfernten Brettern der Paletten her (Teil E). Drehen Sie die Bank um, setzen Sie das Brett auf die Außenseite des vorderen Fußes und auf die Innenseite des hinteren Fußes. Zeichnen Sie die Sägemarkierung ein und sägen Sie. Befestigen Sie die Verstrebungen an den Kanthölzern mit rostfreien, selbstbohrenden Schrauben.

6. Nageln Sie schließlich das Brett (Teil F) auf die Oberseite der Rückenlehne. Schleifen Sie großzügig über die Bank, um Holzsplitter zu entfernen.

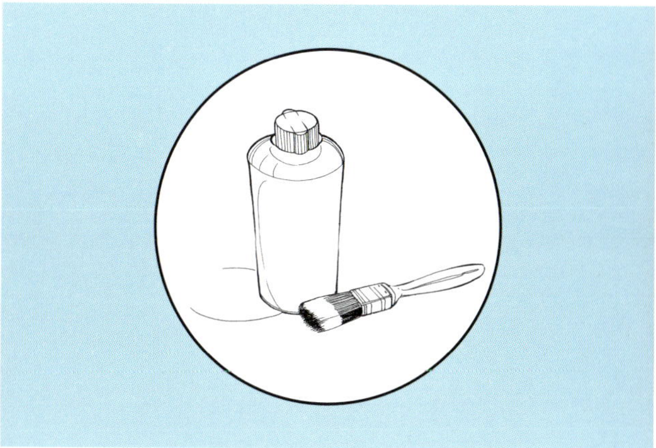

7. Das mit Terpentin gemischte Leinöl ist ein klassischer, kostengünstiger Schutz, der das natürliche Aussehen das Holzes bewahrt. Mischen Sie das Leinöl mit dem Terpentin 1:1 und tragen Sie die Mischung mit dem Pinsel auf. Nehmen Sie den Überschuss mit einem weichen Lappen auf. Tragen Sie nach 24 Stunden eine zweite Schicht auf.

8. Das Kräuterbeet in der Bank? Nageln Sie die Bretter auf die Innenseite der Rückenlehne und setzen Sie Töpfe mit Kräutern oder Blumen hinein.

Philippe Besnard
Frankreich

Direkt über dem Atlantik, so könnte die Traumhütte vieler ‚großer' Kinder aussehen. Philippe Besnard hat sie 2008 entworfen und gebaut. Dieser 8 m² große Würfel ist vollständig aus Europaletten konstruiert. Ein Würfel namens Le Modulopal®, dessen „Nutzvolumen sich auf das Proportionsschema mit 226 cm Höhe im Modulor von Le Corbusier* bezieht", wird die Grundlage für den Bau der Hütte.

2011 wird die Hütte in Pornic aufgebaut. Der Eigentümer, Monsieur Hervouët, verbindet so die Idee des Recyclings mit dem Bau einer Fischerhütte. Eine einzigartiges Unternehmen, mit vielen Vorteilen: „Im Innern der Hütte ist es heller und die Kosten sind ein Zehntel von dem, was der Bau einer traditionellen Hütte kostet."

Die Qualität der Europaletten garantiert die Stabilität der Hütte. Das Holz wurde zum Schutz vor dem Zusammenbau mit Borax behandelt. So finden die Fischer auch bei Unwetter Schutz.

*Le Modulor ist ein Proportionssystem, das 1943 von Le Corbusier erdacht wurde und ist bekannt als Darstellung eines in Architektur und Technik allgemein anwendbares harmonisches Maß im menschlichen Maßstab. Inspirieren ließ er sich aus Arbeiten über den Goldenen Schnitt in Natur und Kunst.
Le Modulor, Éditions de l'Architecture d'Aujourd'hui, 1949, auf Deutsch *Le Corbusier - Der Modulor 1 + 2*, DVA, München.

1. Fischerhütte in Pornic ▪ 2. Bau der Plattform ▪ 3. Bau des Dachs ▪ 4. Logo Modulopal®
5. Entwurf Schutzhütte ▪ 6. Bau der Wände

Jules Ro
Kn
Jules Romains Knock

Lampen-Nachttisch „Lisette“

Ist der Lampen-Nachttisch eine Lampe oder ein Möbel?
Ganz unbestritten ist er beides. Sicher, „Lisette“
hat die Form einer Lampe und sorgt darüber hinaus für Licht.
Aber es ist auch Nachttischen, da Bücher darin ihren Platz finden
und der Wecker darauf abgestellt werden kann.
Ein multifunktionaler Entwurf, bei dem
die Nachttischlampe nicht ins Wanken gerät,
wenn man zu später Stunde den Krimi weglegt.

Mr&Mlle haben „Lisette“ bei sich aufgenommen.
Inspiriert vom französischen Wort ‚liseuse', zu Deutsch Leseleuchte,
war der Name „Lisette“ für dieses Nachttischchen
mit integriertem Leselicht schnell gefunden.

DESIGN: MR&MLLE®

Lampen-Nachttisch „Lisette“

WERKZEUGKASTEN

Werkzeug

- Metallsäge
- Stichsäge
- Dosenbohrer
- Bohrschrauber
- Deltaschleifer
- Schraubzwingen
- Hammer
- Handtacker
- Pinsel: 1 Flachpinsel und 1 kleiner Rundpinsel

Material

- 1 Kantholzpalette für die 6 Bretter (Hier verwendet: 1.150 x 1.150 mm)
- selbstbohrende Holzschrauben
- Lampenfassung, Stromkabel mit Schalter und Stecker
- 40 W Energiesparlampe
- Priplak® Kunststofffolie
- Holzfarbe im gewünschten Farbton

Und das Beste: Platz für Bücher, Zeitschriften und den Wecker. Dank der eingebauten Leuchte ein Design mit doppelter Funktion.

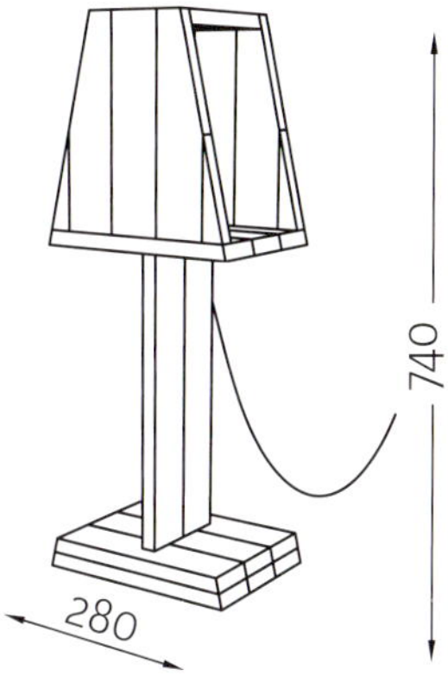

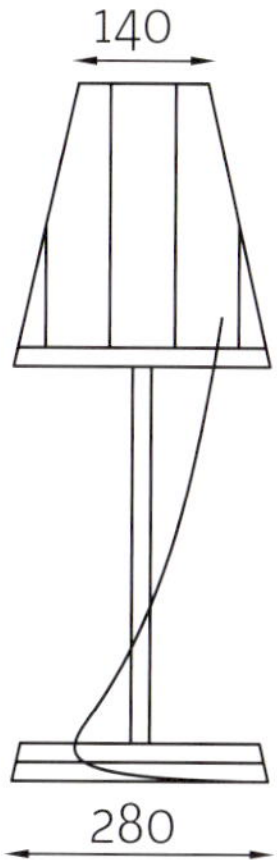

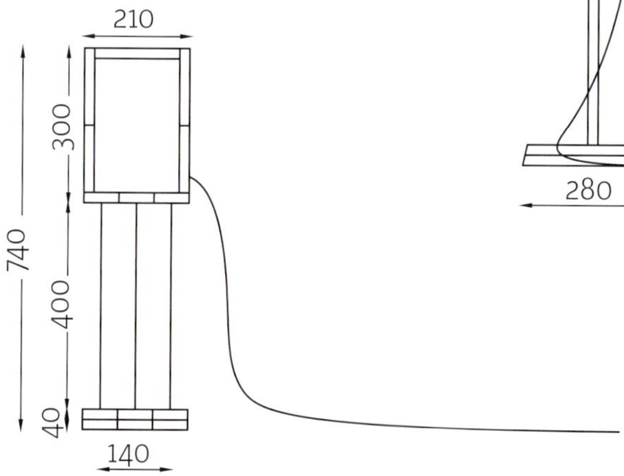

Alle Maße in den Zeichnungen sind in Millimetern angegeben.

Bauanleitung

1. Zerlegen Sie die Palette nach Methode 3 (siehe Zerlegen einer Holzpalette, Seite 16), um 6 Bretter zu erhalten (Maße: L 1.150 x B 75 x Stärke 18 mm). Sägen Sie für die Stellfläche der Lampe aus einem Brett 3 300 mm lange Teile und aus einem weiteren 4 225 mm lange Teile aus.

2. Klemmen Sie die 3 300 mm langen Teile mit Schraubzwingen zusammen, damit Sie die Markierung für die Aussparungen, in die der Lampenfuß eingepasst wird, einzeichnen können.

3. Markieren Sie die Bretter für die Aussparung mit einem Strich quer, mittig über die 3 Bretter und jeweils einem mittigen Strich längs der beiden äußeren Bretter. Die Breite der Aussparung ergibt sich aus der Stärke der Bretter, in diesem Fall 18 mm. Sägen Sie die Aussparungen mit der Stichsäge aus.

4. Sägen Sie 2 410 mm lange Teile für den Lampenfuß aus. Setzen Sie die Teile genau auf die Standfläche, übertragen Sie die Maße der Aussparungen und sägen Sie sie aus.

5. Fügen Sie die Bretter mit Hammer und Schlagklotz zusammen.

6. Schrauben Sie die Standplatte an den Fuß und stabilisieren ihn, indem Sie die 4 225 mm langen Bretter (Schritt 2) darunter schrauben.

7. Schrägen Sie die Standplatte im 30° Winkel mit der Stichsäge ab.

8. Schrauben Sie die 3 300 mm langen Bretter auf das obere Ende des Lampenfußes und schrägen Sie sie ebenso im 30° Winkel ab.

Bauanleitung

9. Sägen Sie 6 230 mm lange Bretter für die Seiten der Lampe. Sägen Sie zwei der Bretter in der Diagonalen durch.

10. Schrauben Sie die seitlichen Teile, die den Lampenschirm bilden, auf die Lampenbasis, dann befestigen Sie den oberen Teil der abgeschrägten Bretter mit dem Tacker.

11. Um die Oberseite des Lampenschirms zu schließen, sägen Sie 2 Bretter von 185 mm Länge. Sägen Sie eines davon der Länge nach durch und versehen Sie es mit einer Schräge von 30° an der Außenseite. Schrauben Sie das erste Brett mittig zwischen die beiden Seitenteile, dann die halben Bretter an die Außenseiten. Schleifen Sie.

12. Trennen Sie die Ablage von der Lampe auf der Innenseite mit einem Brett. Schrauben Sie das Brett von unten, versetzt zum Lampenfuß, fest. Setzen Sie ein zweites Brett senkrecht an das erste und zeichnen Sie die Sägemarkierungen ein. Sägen Sie im 30° Winkel. Die Lampenfassung wird in dieses Brett eingebaut.

13. Messen Sie den Platz für die Fassung aus und zeichnen Sie ihn ein, bohren Sie das Loch mit dem Dosenbohrer. Setzen Sie die Fassung in das Brett ein. Schrauben Sie es auf den Boden der Lampe.

14. Bohren Sie für das Kabel ein Loch in die Seite des Lampenschirms. Führen Sie die Elektroinstallation durch.

15. Schneiden Sie ein 230 x 185 mm großes Stück Priplak®, befestigen Sie es an dem Trennbrett im Lampenschirm mit dem Tacker. Priplak® ist ein formbares, sehr widerstandsfähiges Material.
Wichtig: Das Priplak® und die Glühbirne dürfen sich nicht berühren!

16. Tragen Sie Farbe auf beide Seiten des Lampen-Nachttischchens auf, um die Lampenform zu betonen, wenn man von der Seite auf das Design blickt. Tragen Sie zwei Schichten Farbe auf. Machen Sie einen Zwischenschliff mit feinem Schleifpapier.

INTÉRIEURS PAR
PHILIPPE STARCK
KELLY HOPPEN
JADE JAGGER
MARCEL WANDERS
VIA DESIGN
pal

Bücherregal „Biblio'pal"

Ein Bücherregal ist kein x-beliebiges Möbel.
Weit entfernt von der Vorstellung von verstaubten,
sorgsam aufgereihten Werken hat sich dieses Möbel entwickelt
und beherbergt heute weit mehr. Literatur trifft auf CD's,
Erinnerungsstücke und andere persönliche Gegenstände
und so lässt der Blick in den Bücherschrank
auf die Persönlichkeit seiner Besitzer schließen.
Experimentieren Sie mit der Konstruktion von „Biblio'pal",
um Ihr eigenes, ganz persönliches Bücherregal zu bauen.

Der Name „Biblio'pal" kommt aus der Verbindung ‚bibliothèque',
dem französischen Wort für Bücherregal, und ‚Modulopal'
und erinnert somit auch an das Ausgangsmaterial.

DESIGN: MODULOPAL

Bücherregal „Biblio'pal"

WERKZEUGKASTEN

Werkzeug

- Fuchsschwanz
- Akku-Bohrschrauber
- Ständerbohrmaschine
- Kleiner Holzbohrer: ø 14 x 300 mm
- Winkelschleifer
- Hammer
- Holzhammer
- Fäustel
- Exzenterschleifer
- Schraubzwingen

Material

- 8 Europaletten, 1.200 x 800 mm
- 32 Klötze
- selbstbohrende Holzschrauben
- 4 schwarze Plastikmöbelfüße, Schraubbefestigung (ø 60 x H 25 mm)
- 2 Armiereisen (ø 10 mm x 6 m): in 4 Teile zu je 2 m trennen

Und das Beste: Mit den Armiereisen hat das Bücherregal einen festen Stand. Sie können die Höhe der Regalböden je nach Inhalt variieren.

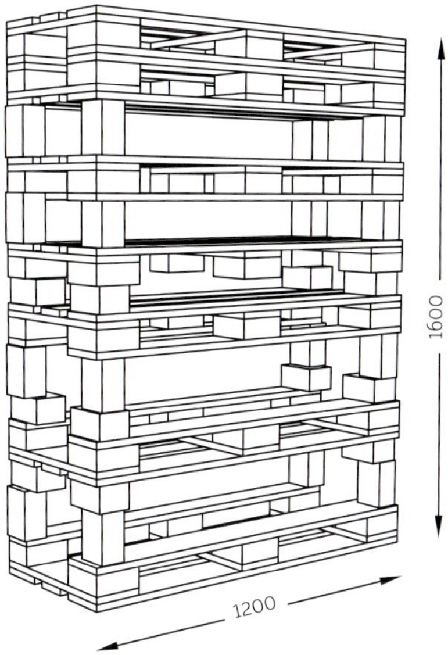

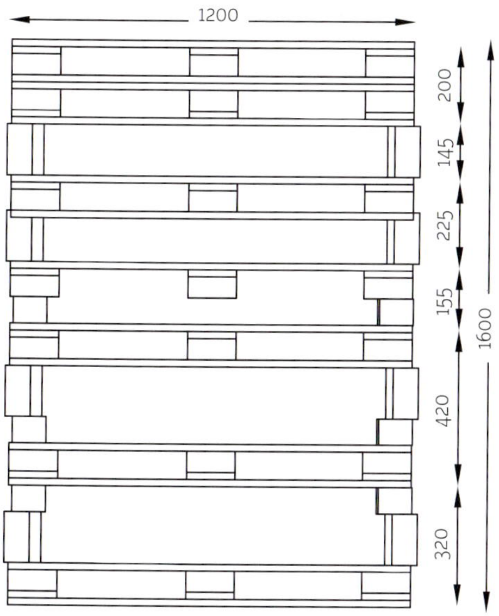

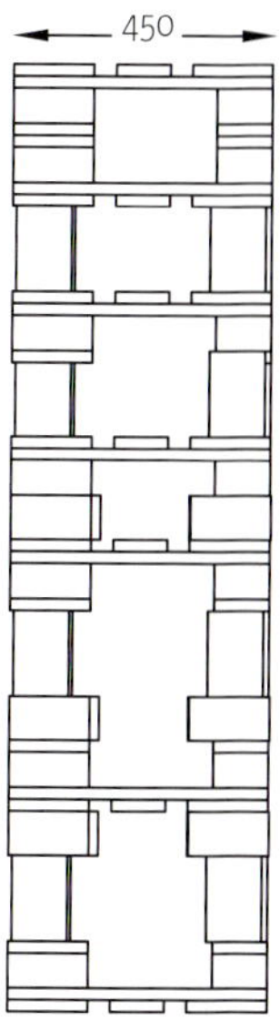

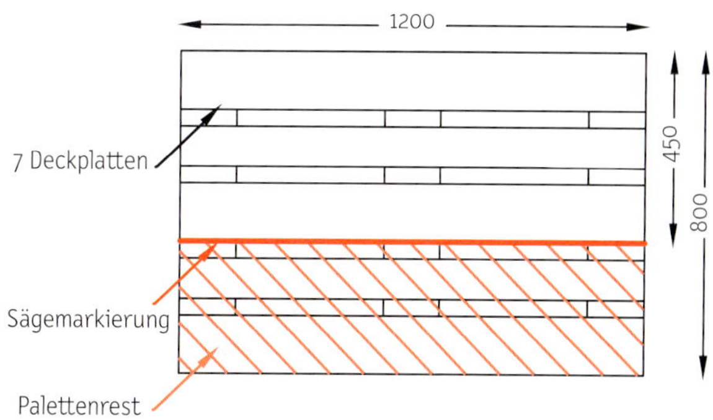

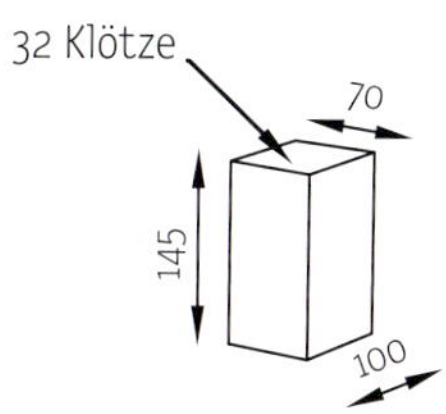

Alle Maße in den Zeichnungen sind in Millimetern angegeben.

Bauanleitung

1. Zerlegen Sie 7 Paletten nach Plan, längs zu den mittleren Klötzen, um Paletten mit 3 Brettern zu erhalten.

2. Sägen Sie bei 5 der Paletten zwischen den Klötzen ein unteres Brett ab.

3. Entfernen Sie bei den beiden anderen Paletten die unteren Bretter und die Klötze nach Methode 2 (siehe Zerlegen einer Holzpalette, Seite 16). Entfernen Sie die restlichen Nägel mit dem Winkelschleifer aus den Brettern.

4. Verwerten Sie 32 möglichst identische Klötze von Klotzpaletten und Palettenresten. – Eine wenig spannende, langwierige Angelegenheit! Eine andere Möglichkeit: Erkundigen Sie sich bei einem freundlichen Palettenreparaturdienst, ob er Ihnen ein paar Klötze zu einem vertretbaren Preis überlässt.

5. Schleifen Sie die Paletten und die Klötze mit dem Exzenterschleifer mit einem grobkörnigen Schleifpapier ab.

6. Basteln Sie eine Bohrschablone, damit die Löcher auf allen Platten im selben Abstand sind. Zerlegen Sie dafür die achte Palette wie in Schritt 3 (ohne Klötze und untere Platten) und bauen Sie einen Rahmen mit Bretterresten für jede Ecke.

7. Zeichnen Sie 50 x 50 mm vom Klotzrand auf den Klotz die Stelle für das Loch ein. Führen Sie diesen Vorgang an allen vier Ecken durch. Übertragen Sie die Maße auf das Modell.

8. Bohren Sie mit einer Bohrmaschine mit Holzbohrer, Ø 14 mm, in den Rahmen der Palette. Wiederholen Sie den Vorgang mit den 6 anderen Paletten.

Tipp: Setzen Sie die Vorlage vorsichtig auf. Da jede Palette verschieden ist, können die Löcher um ein paar Millimeter versetzt sein.

Bauanleitung

9. Stecken Sie 4 Armiereisen (2 m) in das erste Teil, eine umgedrehte Palette. Tipp: Schneiden Sie die Armiereisen bereits beim Kauf zurecht, gerne leiht der Händler Ihnen eine Spezialzange.

10. Zeichnen Sie das Loch für die Bohrung eines Klotzes, indem Sie ihn auf den vorhergehenden Klotz auf das Armiereisen setzen. So bestimmen Sie wie sehr die Klötze versetzt sein sollen.

11. Da das Bohren der Klötze etwas langwierig ist, empfiehlt sich der Einsatz einer Ständerbohrmaschine, was das Bohren gerader Bohrlöcher erleichtert. Sie können ebenso einen Bohrer auf einer vertikalen Halterung oder mit einer Bohrführung verwenden.

12. Folgen Sie den Angaben auf dem Plan, stapeln Sie auf die Armiereisen die Klötze und die Paletten mit Unterstützung einer zweiten Person. Durch Entnehmen oder Hinzufügen von Klötzen können Sie die Höhe der Regalböden nach Wunsch verändern.

13. Sind alle Elemente aufgereiht legen Sie das Regal auf die Seite.

14. Biegen Sie mithilfe eines Fäustels die Armiereisen unter dem Möbel um.

15. Befestigen Sie die 4 schwarzen Plastikfüße.

16. Stellen Sie das Bücherregal auf und biegen Sie die Armiereisen oben mithilfe einer Schraubzwinge um. Ein paar vorsichtige Schläge mit dem Fäustel können dabei helfen.

MODULOPAL®

Philippe Besnard, Designer für Möbel und Hütten

Philippe in 6 Jahreszahlen

1955: Geboren in Tours

1975: Diplom der École supérieure des beaux-arts in Tours

1986: Diplom der Promoca, Schule für Architektur in Nantes

1990: Erste Arbeit mit der Palette als Gestaltungsobjekt bei dem Entwurf eines Notunterstands aus Paletten

2007: Entwicklung des Würfels Modulopal® aus Europaletten

2009: Preisträger des Wettbewerbs SEMA mit dem Modulopal Sessel Club®, Einführung der Möbellinie Modulopal Mobile Mobilier®.

Philippe ist beim französischen Institut für medizinische und Gesundheitsforschung (Inserm) angestellt und entwirft Möbel in seiner Freizeit. Von der Hütte bis zum Sessel setzt er seit über zehn Jahren seine Kreativität mit einem einzigen Palettentyp um: der Europalette. Das Abenteuer begann 2007 mit der Konstruktion eines Würfels: „Ein Würfel ist ein Volumen mit gleichen, sich wiederholenden Maßen, der beliebig oft nachgebaut werden kann." Ein Baukastenprinzip, mit dem er seither unter der Marke Modulopal® Möbel entwirft. „Möbel gehören zu den ständigen, regelmäßigen Bedürfnissen. Auf diesem Gebiet entstehen mit der Holzpalette persönliche und originelle Lösungen, mit einem qualifizierten und nachhaltigen Ansatz."

Wie kamst du dazu, Möbel aus Holzpaletten zu entwerfen?

Als ich angefangen habe, mit Holzpaletten zu arbeiten, habe ich sie als Modul angesehen, ein Element aus einem Baukasten. Nach dem Zusammenbauen wollte ich, dass der menschliche Körper auf die Palette trifft, und habe sie alltäglichen oder originellen Verwendungszwecken zugeführt. So sind die Chaiselongue, der Sessel und die Bank entstanden ...

Was hat dich zum Design von Biblio'Pal inspiriert?

Es ist wie ein Stapelspiel von Platten und Klötzen, Klötze, die bewusst versetzt angebracht sind, um den Eindruck eines Ungleichgewichts zu vermitteln, obwohl das Objekt vollständig im Gleichgewicht ist. Da drängt sich die Frage auf: Wird dieses Konstruktion halten? Ja sicher, auch wenn es nicht so aussieht.

Welches sind die Vor- und Nachteile der Palette?

Die Palette ist demokratisch. Sie ist weit verbreitet, sie ist kostengünstig oder sogar kostenlos, wenn sie ausrangiert wurde. Die Nachteile beziehen sich eher auf das Rohmaterial, zum einen ist da das Gewicht, zum andern ist die Palette nicht immer leicht zu zerlegen.

Was rätst du all denen, die Möbel oder Objekte aus Paletten gestalten möchten?

Entweder benötigen Sie das Möbelstück oder Sie sind durch das Ausgangsmaterial inspiriert. Auf jeden Fall ist es mit Motivation, etwas Werkzeug, ein wenig Platz und genügend Zeit ganz einfach sich auf die Palette einzulassen. Die Holzreste können als Feuerholz verwendet werden. Nichts geht verloren, der Kreis schließt sich!

Modulopal®
Tel.: +33 06 31 98 35 96 - modulopal@gmail.com
www.modulopal.com

Bücherregal „Biblio'pal" (p. 164)

Stehlampe „Schattenseiten Nr. 2"

Stehlampe oder Wandleuchte?
An der Wand und auf dem Boden zugleich, zeigt diese Lampe zwei Aspekte. Form und Funktion, von der Palette inspiriert, verdeutlichen den Gedanken der Wiederverwertung.
Ein einfaches und klares Konzept, bei dem die erzielten Schatteneffekte begeistern.

„Schattenseiten Nr. 2"? Schattenseiten steht für die Schatten, die das Licht auf beiden Seiten der Lampe an die Wand wirft. Nr. 2, da es bereits eine erste Lampe von Philippe Daney mit diesem Namen gibt.

DESIGN: PHILIPPE DANEY

Stehlampe „Schattenseiten Nr. 2“

WERKZEUGKASTEN	
Werkzeug ▪ Fuchsschwanz ▪ Hammer ▪ Akkuschrauber ▪ Exzenterschleifer + Schleifklotz ▪ Lappen	**Material** ▪ 2 Reste einer umkehrbaren Kantholzpalette, 770 x 370 mm, (die Reste hier stammen vom Sessel „Charles-Edouard“) ▪ 2 Palettenbretter ▪ Aluminiumstreifen ▪ LED Band Set (mit einem LED Band, Anschlüssen und Netzteil) ▪ Brennspiritus ▪ Nägel ▪ 12 kleine Holzschrauben ▪ 1 Montagewinkel, L 20 mm

Und das Beste: Eine zu 100% recycelte Lampe, da Palettenreste verwendet wurden.
Die Wandbefestigung ermöglicht ein schönes Licht- und Schattenspiel.

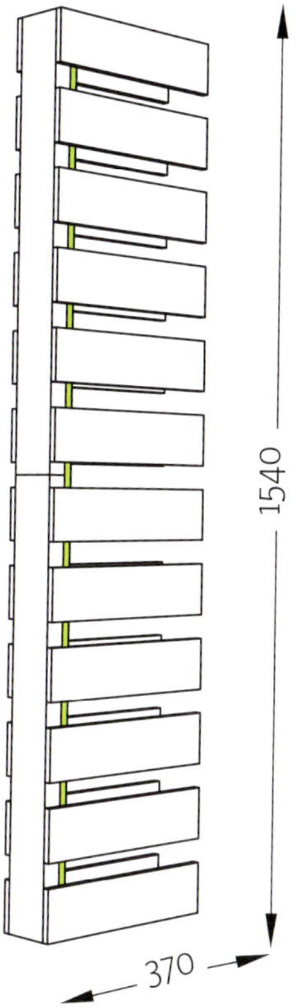

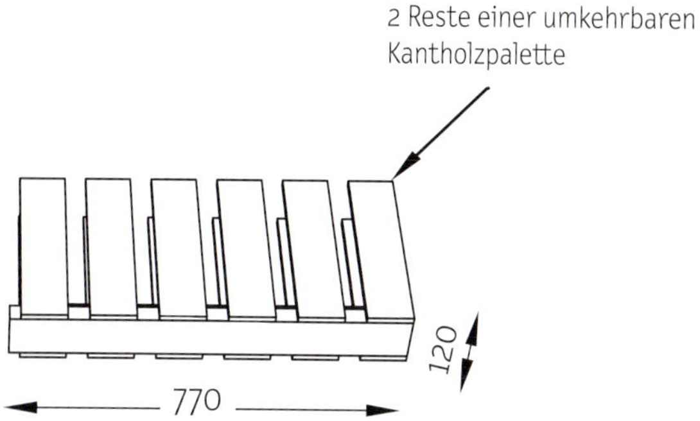

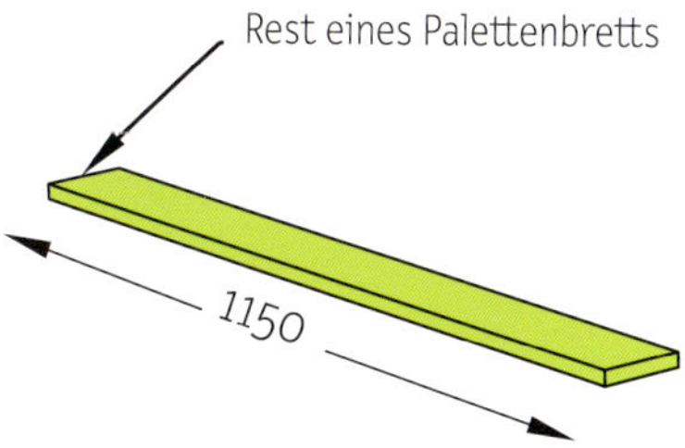

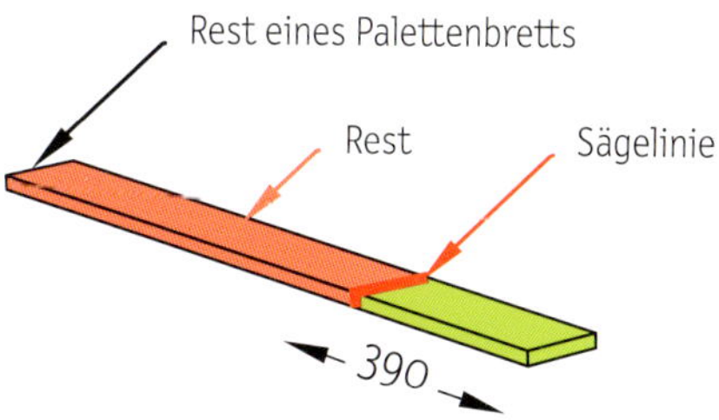

Alle Maße in den Zeichnungen sind in Millimetern angegeben.

Bauanleitung

1. Legen Sie die beiden Holzbretter zwischen die am Boden ausgelegten Palettenreste. Zeichnen Sie den Überstand ein und sägen Sie diesen ab.

2. Schrauben Sie die Bretter auf die Kanthölzer.

3. Nageln Sie die etwas wackeligen Palettenbretter zur Verstärkung an die Kanthölzer. Schleifen Sie das Holz an der Innenseite der Lampe mit einem Schleifklotz ab.

4. Schneiden Sie einen 1,40 m langen Aluminiumstreifen, auf den das LED Band aufgebracht wird, da dieses nicht auf dem Holz klebt. Außerdem leitet das Aluminium die Wärme ab. Passen Sie die Länge des Bandes an den Metallstreifen an, berücksichtigen Sie dabei die Vorgaben (mit einem Strich oder einer Schere gekennzeichnet).

5. Das flexible LED Band ist in Baumärkten oder im Internet erhältlich. Es ist selbstklebend und daher bei glattem und trockenem Material gut anwendbar. Die Elektroinstallation ist einfach und muss nicht gelötet werden.

6. Anbringen des LED Bands: Nachdem Sie den Aluminiumstreifen mit Spiritus entfettet haben, damit das selbstklebende LED Band besser daran haftet, kleben Sie dieses vorsichtig darauf. Verbinden Sie die Anschlüsse des Netzteils mit dem LED Band entsprechend der Bedienungsanleitung.

7. Schrauben Sie den Aluminiumstreifen auf die Innenseite der Lampe.

8. Schrauben Sie die Lampe mit einem Montagewinkel zwischen der Innenseite eines Brettes und der Wand fest.

Esstisch „Line Up“

Die einfache Konstruktion des Esstischs „Line Up“ kann in jeder gewünschten Größe gearbeitet werden. Hier wurde die 2,40 m lange Version XXL gebaut, aber Sie können die Tischmaße problemlos Ihren eigenen Bedürfnissen anpassen. Als Grundidee sollte mit den Formen der Palette gespielt werden, um eine Welle durchgehender Linien zu erhalten, von den Tischbeinen zur Platte.

Der Name für diesen Entwurf wurde der Surfer-Sprache entliehen. Line-up bezeichnet die Stelle, an der die meisten Wellen brechen und daher die Surfer sich dort aufstellen. Hier betont Line Up die durchlaufenden Linien des Tisches.

DESIGN: LES M&M DESIGNERS

Esstisch „Line Up“

WERKZEUGKASTEN

Werkzeug

- Fuchsschwanz
- Stichsäge
- Akkuschrauber
- Exzenterschleifer (Schleifpapier mit grober und mittlerer Körnung)
- Schleifklotz (Schleifpapier Körnung 240)
- Schraubzwingen
- Pinsel: 1 flacher Lackierpinsel (50 oder 60 mm)

Material

- 4 Paletten mit 9 gleichgroßen Klötzen, (1.200 x 800 mm), auch ‚schwere‘ Palette genannt, da sie eine hohe Tragkraft aufweisen
- 2 Palettenbretter für die Querverstrebung der Tischplatte
- selbstbohrende Holzschrauben
- 11 Montagebleche 160 x 60 mm
- 6 verstärkte Winkel 75 x 100 x 60 mm
- Farbloser, matter Lack auf Wasserbasis (lebensmittelecht)

Und das Beste: Sie können die Tischgröße Ihren Bedürfnissen anpassen. Eine klare und durchgängige Linie, von den Beinen bis zur Tischplatte.

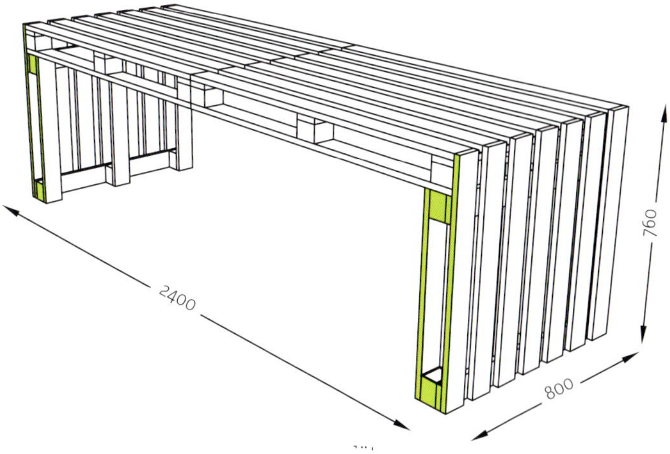

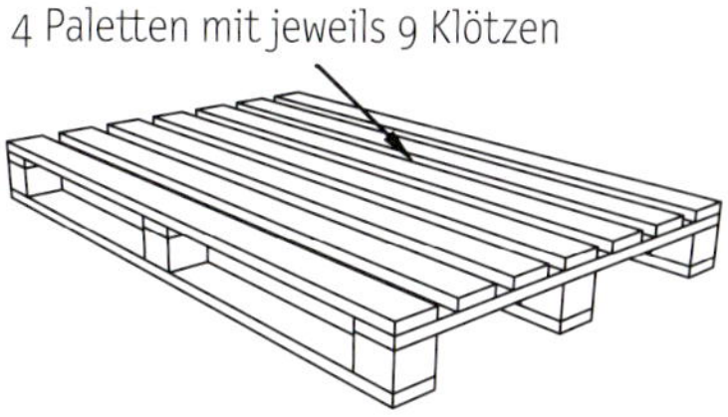

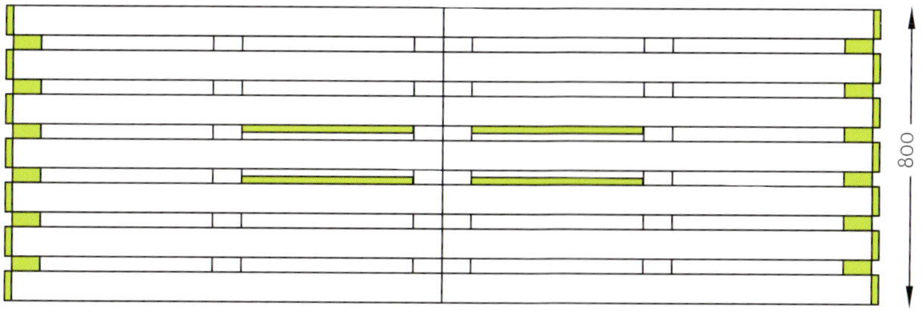

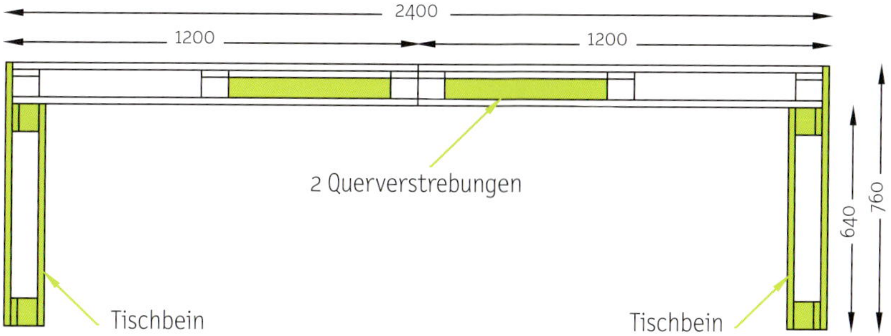

Alle Maße in den Zeichnungen sind in Millimetern angegeben.

Bauanleitung

1. Messen Sie die Höhe der Paletten, die als Tischplatte vorgesehen sind (Klötze + Bretter). *Achten Sie darauf, dass beide Paletten gleich hoch sind.*

2. Stellen Sie die Paletten für die Tischbeine aufrecht und übertragen Sie dieses Maß auf die Palettendeckplatte über dem mittleren Klotz.

3. Zeichnen Sie eine gerade Sägemarkierung auf die Palette.

4. Sägen Sie mit der Stichsäge langsam und gleichmäßig, um eine saubere Schnittkante zu erhalten. Da es nicht einfach ist mit einer Stichsäge eine gerade Linie zu sägen, können Sie die Säge an einer Setzlatte oder einem geraden Brett entlang führen.

5. Wenden Sie die Palette und zeichnen Sie die Sägemarkierung an den mittleren Klötzen entlang auf die Bodenplatte.

6. Sägen Sie mit der Stichsäge die Bretter an den mittleren Klötzen bündig ab.

7. Schleifen Sie alle Teile mit dem Exzenterschleifer ab, zunächst mit einem grobkörnigen Schleifpapier und dann mit mittlerer Körnung. Als Möbel des täglichen Gebrauchs sollte das Holz gut abgeschliffen werden. Verwenden Sie einen Schleifklotz für die Ecken und die schlecht zugänglichen Stellen.

8. Um die Tischplatte zusammenzufügen, legen Sie die beiden Paletten mit der Oberseite nach unten und klemmen Sie sie mit Schraubzwingen zusammen.

Bauanleitung

9. Verbinden Sie die Paletten an den außen liegenden Klötzen mit jeweils 2 Montageblechen.

10. Handwerkertipp: Sollte Ihr Schrauber nicht zwischen die Klötze passen, arbeiten Sie mit eine Hand-Ratsche. Durch die ergonomische Form ist die Hand-Ratsche das ideale Werkzeug für schwer zugängliche Stellen.

11. Schrauben Sie für die Stabilität der Tischplatte auf beide Seiten der mittleren Klötze Bretter mit Montageblechen an.

12. Setzen Sie die Tischbeine auf die umgedrehte Tischplatte.

13. Klemmen Sie die Beine mit Schraubzwingen an die Tischplatte und befestigen Sie sie mit 3 verstärkten Winkeln auf jeder Seite.

14. Tragen Sie mit einem Pinsel eine erste Schicht Lack auf die Außenseiten auf (Tischplatte und Beine). Schleifen Sie nach dem Trocken leicht mit feinem Schleifpapier (Körnung 240) darüber. Schleifstaub entfernen und eine zweite Schicht Lack auftragen.

15. Sollten die Abstände zwischen den Brettern zu groß sein, vermeiden Sie mit einer aufgelegten Glasplatte kippende Gläser und verschwundene Teelöffel. **Eine preiswertere Variante:** Legen Sie dekorative Sets auf den Tisch.

MOST Architecture
Niederlande

Paul & Saxon-Lear in 6 Jahreszahlen

1978: Paul geboren in Horst (Niederlande)

1980: Saxon-Lear geboren in Harare (Zimbabwe)

2007: Diplom der Universität für Technologie in Delft (Niederlande)

2008: Zusammentreffen mit dem japanischen Architekten Sou Fujimoto anlässlich einer Konferenz

2009: Die Agentur Most Architecture wird für den Rompreis ausgewählt

2010: Erstes von der Agentur umgesetztes Projekt

Die niederländischen Architekten Paul Guerts und Saxon-Lear Duckworth von der Agentur MOST Architecture, haben für die Büroräume der Werbeagentur BrandBase in Amsterdam ein ungewöhnliches Inneneinrichtungskonzept entwickelt. Eine kreative Lösung, bei der die Bedürfnisse und Räumlichkeiten des Kunden berücksichtigt wurden: ein typisches Haus am Kanal, schmal und tief.

BrandBase hatte sich eine provisorische Einrichtung auf der Basis von authentischen, recycelten Materialien vorgestellt. Die Inneneinrichtung der 245 m² Fläche wurde von der Agentur MOST Architecture ausschließlich aus Europaletten realisiert. Insgesamt wurden 270 Paletten für dieses Projekt verwendet.

Tische, Treppen, Schreibtische oder Podeste, die Struktur entstand durch positionieren und übereinanderlegen der Paletten. Ein offenes Bürokonzept, wo jeder Platz seine Funktion hat: Konferenzraum, Büro, Empfang ...

„Es wurde eine offene Bürolandschaft in drei Etappen geschaffen." Die erste, die vorhandene Fläche, wurde vollständig in weiß gestrichen, um eine homogene Basis für die Palettenstruktur zu schaffen. Die zweite besteht aus den Paletten selbst, die das Volumen bilden. Die dritte ist die Einrichtung, mit Möbeln, Leuchten und Treppen, deren gemeinsamer Referenzpunkt neben der Palette schwarz ist.

Most Architecture - Paul Geurts & Saxon-Lear Duckworth

Westzeedijk 399 - 3024 EK Rotterdam - Tél.: +31 6 45 15 26 88

info@mostarchitecture.com - www.mostarchitecture.com

1. Konferenzraum ▪ 2. Empfang ▪ 3. Büro, 1. Etage ▪ 4. Pausenraum ▪ 5. Büro, 1. Etage ▪ 6. Haupttreppe

ADRESSVERZEICHNIS

▪ **Daney Factory/Philippe Daney**
13, rue de Bray - 35777 Cesson-Sévigné
Frankreich
Tel.: +33 02 99 14 36 99
collectif@agence-daney.com
www.philippedaney.com

▪ **Edmond - Mobilier & Objets Vintage**
(Stühle - Foto S. 180)
Annabel Gueret
Loft des Mandarines - 37, quai de Versailles
- 44000 Nantes - Frankreich
Tel.: +33 06 07 04 98 25
annabel@edmond.tm.fr
www.edmond.tm.fr

▪ **Enzo Mari e Associati**
Piazzale Baracca 10 - I-20123 Milan
Italien
Tel. : +39 02 481 7315

▪ **Fabrice Peltier**
24, rue de Richelieu - 75001 Paris
Frankreich
Tel.: +33 01 44 85 86 00/
gallery@p-reference.fr
www.p-reference.fr
www.designpackgallery.fr
www.allee-du-recyclage.fr

▪ **Karl Zahn**
860 Manhattan Ave 4R - Brooklyn NY, 11222
USA
Tel.: +01 415.202.3661
karl@oboiler.com
www.oboiler.com

▪ **Le blog de Béa** (Béas Blog)
bea4273@gmail.com
http://beatrice4273.canalblog.com

▪ **Le Fourbi Créatif de Macha**
Marion Davaud
6, rue des Pêcheurs - 44140 Remouillé
Frankreich
Tel.: +33 02 40 06 62 56
contact@lefourbicreatifdemacha.fr
www.lefourbicreatifdemacha.fr

▪ **Les P'Bits Bobos -**
Möbel und Dekoration für Kinder
(Stühle, Lichterketten, Kissen, Decken -
Foto S. 18)
Catherine Daunay
33, rue Léon-Jamin - 44000 Nantes
Frankreich
Tel.: +33 02 40 48 05 40
contact@lesptitsbobos.fr
www.lesptitsbobos.fr

▪ **M&M Designers**
Martin Lévêque
44, rue Eeckelaers - 1210 Bruxelles
Belgien
kadiak29@hotmail.com
http://be.net/martinleveque
Mathieu Maingourd
13, rue Barbe-Torte - 44200 Nantes
Frankreich
math_ology@hotmail.com
http://dopirate.free.fr
Le créabook d'Audrey Kerampran:
www.creabook.com/audrey-k

▪ **Modulopal/Philippe Besnard**
Tel. : 06 31 98 35 96
modulopal@gmail.com
www.modulopal.com

▪ **Most Architecture**
Paul Geurts & Saxon-Lear Duckworth
Westzeedijk 399 - 3024 EK Rotterdam
Niederlande
Tel.: +31 6 45 15 26 88
info@mostarchitecture.com
www.mostarchitecture.com

▪ **Mr&Mlle/Bénédicte Lagrange**
und Jean-Marie Reymond
6 bis, rue Noire - 44000 Nantes
Frankreich
Tel.: +33 02 40 48 54 96
contact@mretmlle.com
www.mretmlle.com

▪ **PGS - Palettes Gestion Services**
Centre Multi-Marchandises - BP 495 -
76807 Saint-Étienne-du-Rouvray Cedex
Frankreich
Tel.: +33 02 35 66 02 78
www.groupepgs.com

▪ **Studiomama/Nina Tolstrup**
21-23 Voss Street - E2 6JE London
England
tolstrup@studiomama.com
www.studiomama.com

▪ **SYPAL - Syndicat de l'industrie**
et des services de la palette
6, rue François Ier - 75008 Paris
Frankreich
Tel.: +33 01 56 69 52 01
info@sypal.eu
www.sypal.eu

▪ **V33 - Peintures**
Tel. : 03 84 35 00 00
www.v33.fr

▪ **Falbala Luminaires**
Dekorative Elektrik
14, rue Saint-Pierre - 84400 Apt
Frankreich
Tel.: +33 04 90 75 16 01
falbala@falbala-luminaires.com
www.falbala-luminaires.com

▪ **Fotograf**
Jérôme Blin
Tel.: +33 06 87 38 88 59
jerome.blin22@yahoo.fr
www.bellavieza.com

▪ **Stylistin-Inneneinrichterin**
Marie-Noëlle Salaün
Tel.: +33 06 80 78 74 40
salaun.m.n@gmail.com
www.marienoellesalaun.com

NÜTZLICHE WEBSEITEN

- **Ana White**

Eine außergewöhnliche Webseite für DIY. In über 100 Plänen und Anleitungen erklärt Ana White und die Anhänger der Webseite, wie Sie zahlreiche Möbel und Dekoartikel selbst machen können, einige auch aus Paletten.
http://ana-white.com

- **Apartment Therapy**

Auf dieser Seite finden Sie viele Designvorschläge in schönen Bildern.
www.apartmenttherapy.com

- **Design Sponge**

Noch mehr DIY!
Viele Projekte zum selbst ausprobieren.
www.designsponge.com

- **Éric Bricol...**

Mit Erics Tipps gelingt Ihnen der Sessel Adirondack aus Palettenholz ganz bestimmt. Pläne, Fotos, Schritt-für-Schritt-Anleitungen, Éric gibt sein Know How gerne weiter.
http://ericbricol.canalblog.com

- **Erie Stuff**

Eine Schritt-für-Schritt Anleitung für einen Picknick Tisch.
http://eriestuff.blogspot.com

- **Esprit cabane**

Kreative Freizeitgestaltung, Deko, Basteln ... Esprit cabane widmet sich dem angewandten Umweltschutz. Kreative Ideen dank Online Tutorials und Baupläne leicht umgesetzt. Eine spannende und originelle Seite!
www.espritcabane.com

- **Graine de Nature**

Anleitung zum Hüttenbau mit Paletten.
www.grainedenature.net/article-3620780.html

- **Hylé Recyclé**

Antony zeigt eine ganze Kollektion Gartenmöbel auf Palettenbasis. Eigene Entwürfe oder von dem italienischen Designer Enzo Mari inspiriert, alle Möbel in Naturholz oder lackiert.
www.lumiair.e-monsite.com/www.hyle-recycle.e-monsite.com

- **Made by Isa**

Isabelle sammelt, verwertet, dekoriert. Von Holz bis Stoff, geschickt gestaltet sie einzigartige Objekte und originelle Möbel. Ihre Designs aus Paletten sollten Sie auf jeden Fall anschauen.
http://madebyisa.canalblog.com

- **Neomansland**

www.neomansland.info

- **Pallet Ecologico**

Online Tutorials: Bauen Sie ein Bett oder eine Bank.
palletecologico.wordpress.com

- **Palettenhaus**

Entdecken Sie die Arbeit der österreichischen Architekten Andreas Claus Schnetzer und Gregor Pils. Paletten in der XXL Version!
www.palettenhaus.com

- **Gemüsegarten auf dem Balkon**

Kostenloser Download für die Anleitung eines Blumenkastens aus Palettenholz.
www.potager-au-balcon.com

- **ReadyMade**

Zahlreiche Pläne für den Möbelbau mit Paletten zum Download.
www.readymade.com

- **re-nest**

Inspiration zur Gestaltung. Suchen Sie das Tellerregal ‚pallet plate rack' auf dieser Seite, ein einfaches, schönes Design.
www.re-nest.com

- **Salamanca Design&Co**

Ein Beispiel für gelungenes Öko-Design.
www.salamancadesign.com/etnico/etnicoA.php

- **Shelterness**

Der Hängegarten überm Sofa, entdecken Sie DIY Projekte, eines kreativer als das andere.
www.shelterness.com

- **Low Budget Terrasse**

Seit der Ausgabe von 2009 Jardin, Jardin à Paris haben die Firma Capsel und die Landschaftsgestalterin Sophie Savoie das Projekt 100% Recycled vorgestellt.
www.capsel.com/http://mag.plantes-et-jardins.com

DANKSAGUNG

An alle Designer, die an diesem Buch mitgearbeitet haben, für Rat und Tat und ihr großes Engagement.

An François Janvier, Nicolas Piveteau und Vincent Fayer der Compagnons du Devoir.

An Alban Ade Jo&Gaston Produktion für seine Unterstützung.

Unseren Partnern: Gruppe PGS und V33

Wir bedanken uns bei allen anderen, die zum Gelingen dieses Buchs beigetragen haben:
Alexandre, Benoît, Cédric, Gaëtan, Genève und Nicolas, Jonathan, Laurent Guillon, Margot und Jules, Michel, Monique und Pierre, Nell, Tesslye.

RECHTE

Dekoration: Jérôme Blin und Aurélie Drouet; Kreidezeichnungen Seite 32, 66 und 148: Marie-Noëlle Salaün,

Styling: Aurélie Drouet und Marie-Noëlle Salaün

Farben: V33

Herausgegeben 2012 von Editions du Chene – Hachette Livre
Originaltitel Palettes Faites vos meubles

Übersetzung: Petra Bös, Offenburg
Redaktion: Nathalie Lefebvre
Lektorat: Karine Elsener
Gestaltung: Gaelle Chartier
Titelgestaltung: KreaTec im Landwirtschaftsverlag GmbH

ISBN 978-3-7843-5285-5